THE MYTH
OF
THE
NICE GIRL

柔韌

善良非軟弱，堅強非霸道，
成為職場中溫柔且堅定的存在

Fran Hauser
法蘭·豪瑟

吳孟穎──譯

目錄

contents

作者序 006

CHAPTER 1

人好就是你的超能力

「人好」是你的資產 017
和善與堅強的雙重束縛 019
「人很好」究竟是什麼意思？ 023
千萬別以為演久即可成眞 026
怎樣會變成「人太好」？ 028
一切從你開始 032

CHAPTER 2

充滿企圖心但同時討人喜歡

具有企圖心是什麼意思？ 039
受歡迎的壞處——討好他人 053
受歡迎＋能幹＝討人喜歡的閃亮之星 061

CHAPTER 3

有魄力且和善地表達自我

討好病 067

表達自我的技巧 071
表達內容的弱化和強化 073
和善地表達不贊同 078
對不當的事情表達己見 084
「人很好」的女孩 vs. 霸凌者 086
散播女性特質：提昇你的非言語溝通力 093

CHAPTER 4

直接且友善地給予反饋

大腦對於反饋意見的反應 104
如何給予富同理心的反饋 108
用正面訊息來平衡負面反饋 117
接受反饋的一方 119
要哭……還是不哭 121

CHAPTER 5

堅定且周全地做出決定

建立具有事實基礎的自信 128
失敗、自信心與風險 143

目錄

contents

風險的另一面——如何面對失敗 148

CHAPTER 6

以有策略且富同理心的方式談判

縮短薪資差距 154
談判差距 156
和善且具策略性的職位談判技巧 161
工作中的談判 170

CHAPTER 7

投資自己並成為團隊的一份子

投資自己 185
建立你的人脈 188
串聯機緣 205

CHAPTER 8

設立界線但同時關心他人

設立界線的四方格模式 213
爲事業方格訂出界線 218

劃掉那些花時間的事 225
如何「委婉拒絕」 226
答應與拒絕之間的甜蜜點 230

CHAPTER 9

加乘你的超能力

辨別合適的心靈導師 238
與心靈導師搭上線 242
向人請益就像是「死亡之吻」 247
敞開心胸接受不太像師長的心靈導師 248
什麼是心靈導師，而什麼不是？ 250
心靈輔導思維 255
擴大輔導規模 257

致謝 260
參考資料 265

作者序

在我的職業生涯中，最常被問到的問題是：「妳怎麼能夠人這麼好……但依舊如此成功？」

我第一次發現這是女性們所掙扎的議題，得回到二〇〇九年我還在數位版《時人》雜誌擔任董事長的時候。當時與我共事或我所輔導的許多女性都希望可以更了解我是如何做到領導職位，但同時給人的印象又是如此親切和善。

我這才意識到，很多年輕女性認為她們要壓抑「人很好」這件事才能扶搖直上。她們很擔心（有時候她們是對的）如果工作上表現得太和善或配合度太高，會被貼上「人太好」的標籤。一直以來，眾人對於「人很好的女孩」所抱持的迷思，就是認為這代表她很軟弱、沒主見且總愛討好人，這樣的人當然不適合擔任領袖，也不具備優秀的工作能力。同時，這些女性也很擔心如果她們說出意見、為自己挺身而出並展現企圖心，會變成另一個極端，被貼上「難搞」的標籤。於是女性們一個接一個地詢問我，在職場上該如何於和善與堅定之間取得平衡。

事實上，我花了許多年才找到屬於自己的平衡，現在仍時常為此而掙扎著。我二十幾歲的時候，收到來自主管與心靈導師的建議，要我更強硬一點，態度要再更嚴厲一些。「法蘭，妳人太好了。」他們跟我說：「妳得要堅強起來，不然別人會踩到妳頭上。」我接受這樣的說法，並開始努力抑制自己的同理心與和善特質，但事實證明，那樣的表現並不是我。我覺得很假、很不眞誠。除此之外，我也發現這麼做並不會比我好好善用和善特質更助長我在事業上獲得成功。

歷經多年的自我探索，在我終於建立了成功的事業後，也仔細觀察到哪些事情是有效益的，以及最重要的——哪些事情是正確的。我終於認知到其實我不需要爲了事業成就，而犧牲自身的價値觀或隱藏內心的人格特質。事實上，隨著我開始接納自己的和善特質，它反而成了我事業上的超能力，不但幫助我建立個人的自信心，也讓與我共事的人更加忠貞；同時我也與同事、心靈導師和我輔導的個案等人建立了強韌、彼此互信且忠誠的人脈網絡。我深深地相信這麼做也能帶給你同樣的豐盛結果。

過去八年來，針對這個議題我與女性們有超過千百次的對話，可能是一對一的對談、透過社群媒體和數位輔導平台的互動，或是透過演講的場合等。我分享了個人的經驗，以及來自我的心靈導師與同事們所提供的洞見。二〇〇九年時，我曾研究過有哪些資源可以提供給同樣面臨此議題的女性們。但當時的結果十分令人失望：沒有任何商業指南認爲「人很好」也能具有權威性。事實上，有太多的書籍仍深陷迷思，認爲「人很好的女孩」無法搶到角落辦公室（編

注）或成爲受人尊敬的領導者。也就是在那時候，我意識到這本書存在的必要。

接著，我的人生有了新的轉折。我的長子安東尼（Anthony）在二〇一〇年加入了我們的人生，隔年我們的二兒子威爾（Will）也接著報到。我在母親與繁忙的事業間忙得不可開交，因此出書的計畫暫停了一下。接著，在二〇一四年，我成功地跨出令人膽怯與心驚的一步，開創了自己的事業。我離開了媒體圈，成爲新創公司投資者。當我發現我的人脈網絡是如何支持我做出這樣的職涯跑道轉換，我開始認眞思考要繼續寫書。

眞正的突破點來自一篇我在二〇一六年一月爲富比士網站所撰寫的部落格文章，標題是「人很好的女性如何透過詢問正確的問題勇奪第一」。我很驚訝地收到許多讀者的回應，該文章成爲丹妮絲．瑞斯多利（Denise Restauri）心靈輔導系列的第一熱搜文章。一時之間，許多女性讀者透過臉書、推特和電子信件與我聯繫。當時我才確信，這本書不只有存在的必要，我也應該著手撰寫它。

出書的計畫在許多社交圈獲得強烈支持的同時，我也受到其他人的反對。因爲「人很好」對於許多女性而言是充滿情緒的形容詞，有些人一聽到就會馬上出現不良的反應。我完全能夠理解，這也是爲什麼我想要爲「人很好的女孩」重新詮釋、說明，她不是弱者也不是爲了討好他人而活的人，而是利用自己發自內心的良善特質，打破過往對於強勢領導者刻板印象的人。

同理心、親切與同情心等人格特質蘊藏著眞正的力量，長期以來一直被商業人士所低估。當這些特質與適度的精明幹練和企圖心結合，這些被忽略的超能力會是讓你事業步步高昇的關鍵。

在字裡行間，你會發現讓我和上百位強大而親切的女性得以衝破雙重標準，在職場上叱吒風雲的行事準則。本書會告訴你如何強而有力地商議談判、如何挺身而出讓別人聽你發言、如何展現自信、如何爲自己的決定負責、如何處理衝突，與此同時，不用隱藏你所擁有的親切和善那一面。當你拒絕以過時的方式來達到功成名就，不認爲要用殘酷無情的方式才能獲取成功，轉而學習去駕馭尚未開發、以和善特質爲出發點的力量，往夢想與目標之路前進的你將無可匹敵。

法蘭・豪瑟

二〇一七年夏

編注　角落辦公室（corner office）通常是位於轉角處，擁有雙面大面積玻璃窗的明亮辦公室，一般都是管理高層或公司器重、最資深的職員才能分配到的辦公室，所以也常是公司內權力及地位的象徵。

CHAPTER

1

人好就是你的超能力

我二十歲出頭的時候在安永（Ernst & Young）工作，那是全球最大的專業會計師事務所之一。當時的我既年輕又充滿企圖心且幹勁十足。我當時表現得不錯，但也會從主管那邊得到很多反饋，提醒我哪些地方還要多加努力。

舉例來說，我所屬的團隊負責服務的企業之一是紐約的可口可樂公司。我是團隊中最年輕的成員，深感威嚇於可口可樂的一位較爲年長的男性副總。在會議中，我發現自己會不斷點頭稱是，他和會議裡其他人所說的每一句話我幾乎都會跟著附和；當時我實在太緊張，以致於無法大聲把自己的想法說出來。我要麼就是附和他人，要麼就是不管討論什麼話題，我都會跟著說一句：「這很有意思。」可能大夥兒是在討論午餐要吃什麼，假設有人建議吃壽司，我的回答便會是：「這很有意思。」

我不想因爲發表較爲強烈的意見，而成爲眾人注目的焦點或造成紛爭。這是我用來表示自己也感興趣並參與討論話題的方式，同時也想表現自己的親切與友善。現在回想起來，我會忍不住笑看當年的自己，有誰會說壽司很有意思？

有一天在某個會議結束後，我的主管將我拉到一旁說話：「法蘭，客戶快被妳的 yes 淹沒了。」他說道：「有時候反駁他們是 ok 的，只要妳用尊重對方的方式表達。如果妳一直點頭稱是，或說『這很有意思』，其實會讓客戶覺得妳很無趣。妳要開始學會說出更有意義的話，跟客戶分享妳的想法。」

這是我第一次發現原來自己在工作上很努力地想討好大家，透過「什麼都同意」的表面形象，我其實也剝奪了自己的工作效率。我當然有自己的想法和意見，但我一直在等著被允許才敢分享。而現在我終於獲得允許了。

在下一場會議中，客戶建議要在季度財務報表中改變我們公布某項資訊的方式。我覺得這個建議不錯，但不太確定我們是否能在當期季報的期限內做出改變。我抱著不安的心情，聲音也可能比平常還要更小聲，說道：「還是我們在下一季再做改變？這樣我們便能確保本次在期限內交出季報。」

我講完之後緊張地抬頭看客戶，擔心他會說我的建議很愚蠢或只是在推託。「這是個好建議。」他簡單地回道，而我著實鬆了一口氣。

接下來的幾週，我開始越來越常提出意見，對於說出自己的想法也感到越來越自在。幾週後我知道我的方法奏效了，在某一場會議後，客戶來到了我的座位尋求我對某件事情的看法。這是他第一次這麼做。我這才意識到，原來透過會議中經常性的意見發表，我向他證明了自己的想法是有價值的。

這對我來說是往對的方向邁進了一大步，但我在公司內部的同仁之間仍遭遇到了一些挫折。我在做出一個決定前，會花很多時間試圖取得同事們的同意。當時我的心靈導師一直鼓勵我可以更堅定，別太擔心別人會怎麼想。

我有位同事叫珍（Jane），她負責在我們送出提案給客戶之前先審閱確認。珍在審閱時花的時間是眾人皆知的，且她總是對我不假辭色，尤其當我趕著要送出急件的時候。一般來說，我會盡可能地配合她，但當我的主管拿著新提案要我馬上送給客戶的時候，我就覺得好痛苦。我的直覺告訴我要去找珍，直接跟她解釋當時的情況，但我的腦海中不斷響起心靈導師的話：要變得更堅強，不要一直想獲得別人的認同。

最後，我決定跳過珍，直接去找她的頂頭上司艾瑞克（Eric），我知道他一定能了解這份提案的急迫性，不會問太多就快速核准通過。一切果然如我所料，我的主管很高興，心靈導師也說我做得很好，然後提案也順利通過了。但我知道自己是跳過了珍才贏得這個局面，而我總覺得這麼做不太對。

我們心自問，如果有人這麼對我，我的感受會如何？答案是「很不舒服。」我越級行事便是把她排除在外。而且，想當然爾，當下一次我需要再請珍核准提案的時候，這件事情變成了我倆之間的疙瘩：珍不讓提案通過。我只好再回去找艾瑞克，但他跟我說：「我很抱歉，法蘭，但這次妳要去跟珍好好共事。」

內心深處，我知道他是對的，我總不能永遠都這樣越級行事。我需要找到如何與珍共事的方法。但在這個節骨眼上，我很困惑，不知道該怎麼辦。我是否要順著直覺，和善地配合……還是要更加強硬，用上次那個新學會的方式來獲得我要的結果？

就在這樣的矛盾中，我想到了我一直以來的榜樣與靈感來源：我的母親。她是一位帶著四個孩子的義大利裔移民（我們全家在我兩歲時移民到了美國），在一九七〇年代於紐約的芒特基斯科（Mount Kisco）開了一間裁縫店。她的英文很破，也沒有受過什麼專業訓練，但她仍設法成爲了一名成功的小型企業家。她的成功有部分來自於她的技術，但更大一部分是她的人格特質。她對客人總是十分和氣、超級友善，客人們都很喜歡與她打交道。

我的父親亦是如此。他是一名石匠，主要客戶都是當地有錢仕紳，直到現在，他都是社區裡最受歡迎的人士之一。我父母親的客戶們都是老主顧，對我們家也相當慷慨。他們會送我們一袋袋過季的設計師品牌服飾，在夏天讓我們使用他們的游泳池，其中一位甚至將其二手車以幾百塊美金的價格賣給我，成爲我的第一部車——一輛一九七〇年代出廠，無動力方向盤的藍色飛雅特（Fiat）。但他們不只慷慨地與我們分享財富，這些客戶們是發自內心地喜歡且尊敬我的父母親，因爲他們待人和善。

我思忖了我與珍的情況並問自己，如果是我父母親遇到這樣的情況，他們會怎麼做。即便不是經營裁縫店或身處石匠業，當我企圖在商界獲得成功時，對我而言很重要的是，與同事和客戶發展出我父母親當年與客戶一樣的關係，而且是用我感到自在的方式達成。

隔天我去找珍並邀請她一起吃午餐，她猶豫了一下才同意，而午餐時一坐下來我便直接向她道歉：「珍，」我說道：「我眞的搞砸了。」我解釋當時爲了要快速達到主管期望而承受的壓力。「由於必須趕快把提案寄出去，我當時判斷最好的辦法就是直接找艾瑞克。」我解釋道：「但我後來就發現這樣很不尊重妳，而且沒有給妳任何機會。對不起，我保證之後再也不會發生這樣的事了。」

我可以感覺到珍的情緒忽然放鬆，她也很大方地接受了我的道歉。接下來的午餐時間，我利用這樣的機會多了解這位同事。我得知她有兩個女兒，當我要求看照片時，珍的臉龐整個亮起來了，這是我從來沒見過的，也是我過去一直沒給自己機會看見的另一面。

我也信守承諾，從那之後再也沒有越級行事。但更重要的是，我其實一直沒有這樣的意圖。珍與我在工作上締結了相當不錯的關係，每當我遇到需要她經手的事情，都會直接去找她，也會在同事關係之外再多關心她的女兒們。我發現當我和她有了個人的聯結，她也感受到我是眞心地關心她工作以外的生活，她也更能接受我在工作上（即使情況迫在眉睫）所提出的需求。

這件事對我來說是個重要的轉捩點。當我依照直覺對人和善而讓我和珍的關係變好，這給了我很大的啟發，讓我在職場上願意繼續當好人，但也沒有因此忘了心靈導師要我更強硬的反饋。隨著時間流逝，我很驚訝地發現當我待人和善，就更能在必要時挺身而出說出心中的話，把事情擋回去並表達意見，因爲我不再爲了表現出不是自己的那個樣子而感到困擾。相對地，我的自信和效率也跟著展現，因爲我終於能夠當回那個最眞實且關心他人的自我。

這並不是一夕之間的改變。事實恰好相反！這樣的調適花了我一輩子的時間，才在職場上找到和善與堅定之間的完美平衡點。而我從和珍的相處中所學到的寶貴經驗，便是我再也不需要去隱藏自己那個部分。

「人好」是你的資產

我很感恩自己能有機會學會這一課。一旦開始正視自己人很好的特質，在我的職涯中，這個特質就變成了一個很大的資產。當我用發自內心的和善與同理心待人，珍並不是唯一正面回應我的同事。大部分我在安永會計師事務所和之後在可口可樂、Moviefone、美國線上公司（AOL）、時代公司（Time, Inc.）等公司工作或擔任早期投資者、顧問時所接觸到的人，他們都持續保持忠誠，會在談判中挺我，也會回我的電話、電子郵件，或是幫我一個小忙，甚至在我需要的時候退讓、妥協，這都是因爲我在之前對他們很好。

然而，即便有上述這些經驗，在發現原來「人很好」被當成我的身分識別時，我仍舊十分掙扎。事實上，當我一開始想要寫這本書的時候，心情是很複雜的。一方面我很興奮自己可以有機會幫助其他女性平衡職場上的和善與強硬，但另一方面我不太確定「人很好」是不是我希望大眾認識我的模樣。這樣別人會不會覺得我很軟弱或沒效率？

當我將這些疑慮告訴我的作家好友蒂凡妮．杜夫（Tiffany Dufu）的時候，她帶著燦爛的笑容對我說：「法蘭，大家已經知道妳就是個『好人』。這是爲什麼大家總會回妳電話，這也是爲什麼大家會放下手邊的事情去幫妳。人很好就是妳的資產。」那一刻，我內心知道她說得沒錯，「人很好」就是我的自我品牌中很大一部分。

但我也開始想，如果像我這樣以「人很好」爲榮的人都會有如此複雜的心情，更何況是那些在職場上爲了不被當成弱者，而必須壓抑和善特質的女性？我的直覺反應告訴我，這其實是個很重要的議題，值得再多多探索。

當然，我並不是唯一一個在職場上以「人很好」爲資產的女性。當我詢問超過一千五百位職場女性，究竟待人和善是否有讓她們工作時更順利，九十五%的人回答是肯定的。以下就是這些女性們因爲待人和善而在工作上獲得成功的一些分享：

●「和善其實成了一項不可思議的資產，尤其當我需要對方額外幫我的時候。在過去大家都稱呼我爲『天鵝絨鎚子』，因爲我人很好，而且總可以快速並正面地處理各種艱難情況。『人很好』也幫助我激勵團隊，從原本低生產力的情況向上提昇。」

●「由於我待人很和善，因此在有需要的時候我才能請合作伙伴／客户幫我一些額外的小忙；幾乎每一位被我開除的下屬也持續與我保持良好的關係；我的團隊也十分忠誠。」

●「我覺得『以和善的方式贏過對方』會比用憤怒或刻薄的方式幹掉對方更能讓自己走得更遠。一直以來都有人跟我說，因爲我選擇用同理的方式待人，讓我成了一個既堅強又非高不可攀的領導者。」

和善與堅強的雙重束縛

然而，即使這些女性們都清楚理解待人和善如何幫助她們成功，但同樣的這群女性（精確地來說在這一千五百位女性中有七十六％）亦表示她們在職場上仍十分矛盾，似乎必須在和善與堅強的雙重束縛中做出選擇。她們反映了下列的情況：

- 「我眞的不喜歡我不能人很好又同時很堅定的那種感覺。就好比我試圖要混合油跟水一樣，但我明明知道這件事不應如此困難啊！」
- 「我的身型比較矮小且看起來比實際年齡還年輕，因此我總是會特別強調我的能力與身材來彌補這方面的不足，但我很擔心會得到反效果。」
- 「大家都期待女性會比較和善，但同時也期待領導者比較強悍。在這種情況下，一位年輕有企圖心的職業女性該怎麼辦？」

當我讀到這些評語，我赫然發現原來「人很好」這幾個字對於這些女性是多麼大的負擔。她們當中有很大一部分的人都認爲「人很好」其實是軟弱、沒效率、討好他人或沒主見的代稱。其他人則認爲「人很好」表示這個人的人緣很好——是個不錯的團隊成員，但卻不是一個能夠挺身而出的人，或是一名強勢領導者。但這一路走來我逐漸認知到最強悍、最有效率的領導者，往往也都是待人最和善的。他們用自身的寬容來激勵團隊、鼓勵他人並創造一個充滿正面能量的工作環境，他們的員工也因此努力工作，因爲他們很快樂，有極高的參與感且動力十足。

這並不只是我個人的觀察。研究報告顯示正向的職場環境能有效提昇產能[1]，降低員工流動率，甚至反映在員工的健康報告上。相對的，如果工作環境十分不友善，充滿不安與負面情緒，則會導致產能與效能低落，更別說員工缺乏成就感的問題了。特別值得一提的是，快樂員工的產值比不快樂的員工還要高出十二％[2]。

在現代的職場環境中，對於環境氛圍的關注越來越重要，因爲我們每天的工作常常需要與他人合作勝過單打獨鬥。最近一份來自《哈佛商業評論》（*Harvard Business Review*）的研究指出[3]，過去二十年來，員工與他人合作的時間比起過去成長了五十％。現今社會，我們每個人有超過四分之三的工作天用來與同事們進行溝通。

這清楚地告訴我們這是個再適合不過的時機點——讓女性們重新拾起「好人卡」，利用這個和善特質來獲得職場上的成就，同時也幫助彼此成功。事實上，我們不需要在強悍與和善之間，或自信與討人喜歡之間做選擇。我們可以體貼地對待他人和我們自己；很隨和但也同時十分堅定；願意據理力爭但也同時虛懷若谷；能與團隊合作但也同時努力爭取第一。我們可以藉由擁抱人格特質中眞實呈現的和善與同理心來達成。

我的好朋友愛蜜莉．道頓（Emily Dalton）是男性理容品牌傑克布萊克（Jack Black）的共同創辦人，她本身就是個很好的例子，但對她個人而言，卻是因爲一個悲劇才開始擁抱自身的和善特質。愛蜜莉承認年輕時的她可以說是個「人人好」小姐，總是希望得到認同，想被大家喜歡。但隨著她逐漸年長，她在工作上的榜樣是被她形容爲「大灰熊」的父親，他對人要求嚴苛、粗魯且隨時隨地與任何人都能起衝突。

剛開始的時候，愛蜜莉對於在職場上待人和善的自己總覺得很沒安全感，這是因爲她的榜樣是很粗暴且強悍的父親，他的手段雖然十分苛刻，但總能得到他想要的。愛蜜莉也因此在很多棘手的情況下用父親的方式處理事情，她發現自己被迫成爲十分好戰的人。這種方式的確讓她在短時間內得到她所想要的，但長期下來卻深具破壞性，因爲她無法締結長久且無堅不摧的關係。在愛蜜莉工作幾年之後，她的父親染了重病，他在病床前向女兒坦承，自己很後悔在工作上遭遇困難時的處理方式。事實上，他把這樣的方式視爲自己人格上的缺陷。就在面臨死亡之際，他跟女兒分享了相當有震撼力的感慨：人與人之間的關係才是最重要的事。

這對愛蜜莉來說無疑是一記當頭棒喝，她開始轉變她在遇到困境時的行爲，讓她內心的和善自然流露。很快地，她就發現和善的方式能夠讓整個團隊放鬆、更有創意且更不怕冒險。愛蜜莉看到了和善待人在職場人際關係上的好處，長期下來，人們更願意爲她赴湯蹈火，只因爲他們感覺到自己被尊重且公平地對待。愛蜜莉坦承她仍試圖在公平待人與堅毅處事、富有同理心與挑起對方鬥志之間取得完美的平衡。但一路走來她已逐漸有些良好進展，而現在傑克布萊克儼然成了美國高級男性護膚保養品牌的第一把交椅。

愛蜜莉的故事就如同其他我很榮幸能稱爲好友的成功女性一樣（許多人的故事將會在本書中與大家分享），連同我自己在內，我們都證明了「人很好」不僅能幫助你在職場上結交好友並獲得眾人喜愛，它還能夠幫助你扶搖直上。

「人很好」究竟是什麼意思？

首先，我希望你明白當我使用「人很好」（nice）這幾個字時代表著什麼意思。這裡所指的並不是一個總是到處討好他人但或許有些無趣、沒想法或沒主見的人。我當然也不是告訴你要以女性的被動刻板印象，總是不斷地用甜美或順從來討好對方。

相反的，我所要描述的是一個深深關心他人並想與之聯結的女性，她強烈的價值觀引導她去做她認爲對的事情。她很體貼、尊重他人且待人和善，讓人感覺很溫暖，吸引人們想靠近她，有她在的地方大家都感到十分愉悅。在職場上，她待人公平公正，與她合作愉快且爲人慷慨大方。她不會與其他女性競爭，而是透過分享完成工作的榮耀來使大家都更上一層樓。她本身充滿堅不可摧的信心，相信機會無所不在，因而願意與大家分享。

我的好朋友派翠莎・卡爾帕斯（Patricia Karpas）就是這類女性的象徵。我是在美國線上公司工作時認識派翠莎的。她當時在CNBC、NBC、美國線上公司和時代華納公司（Time Warner）擔任決策角色，現在則是一名成功的實業家，創辦了獲獎無數的手機應用程式「冥想室」（Meditation Studio）。是的，她眞的很厲害，但她也是我所認識的人當中，待人最和善也最明智的人之一。二〇一〇年，當我從醫院領養了我的長子安東尼回家後，就在廚房桌上發現一大包我的最愛——來自紐約市樂凡糕餅店（Levain Bakery）的巨大巧克力核桃餅乾，而這正是派翠莎寄來給我的。她用心且貼心的舉動讓我好感動，也讓我想起派翠莎眞摯的和善作風在職場上如何爲她贏得好名聲。

她在NBC時是品牌電視內容剛開始盛行的時候。當時派翠莎被派去和IBM合作，製作IBM想創立並贊助的一個名爲《眼界》（*Scan*）的節目，內容主要在介紹世界各地先進的科技。問題是，派翠莎所合作的CNBC製作團隊並不希望IBM這樣的廣告商來影響節目內容，但IBM卻希望對內容的剪接進行管控。由於派翠莎在雙方團隊都獲得了相當程度的信任，因此她能夠居中協調，確保雙方都能自在地合作，最後呈現出大家都滿意的節目內容。

他們之所以信任派翠莎，就是因爲她之前花時間與雙方團隊建立相當堅固且眞摯的情誼。最後的結果就是派翠莎、NBC與IBM的三贏，這就是一個絕佳的例子，因爲派翠莎利用自身眞摯的和善特質來締造職場上的成功。

另一位我想到符合此特質的女性是安・摩爾（Ann Moore），她是時代公司首位女性執行長。當我在時代公司工作時，安可以說是業界最有權力的女性之一。她是一位相當強悍的領導者，但我最喜歡安的地方在於她充滿人性、與人產生關係與聯結的那一面。

每個月安都會邀請不同部門的人一起進行早餐會議，她開啟會議序幕的方式是邀請在座每個人分享最近覺得感恩的事情。這是一個很棒的開場方式，因爲可以營造正面的情緒，也幫助我們將彼此視爲活生生的一個人，而不只是工作上的某個職稱。安在財務方面相當嚴厲，但當她花時間在工作場合中締造這樣的氣氛，就讓我們在時代公司上班感到相當愉快且充滿成就感。她的員工都忠心耿耿，這表示安的和善對公司的營運也起了非常棒的作用。

由此可見，所謂「人很好」並不是對什麼都好就可以了，當然這是個不錯的開始。但「人很好」之所以能成爲你的超能力，關鍵在於眞正地活出你的和善，用這樣的特質與你所在乎的人事物產生聯結。這也是派翠莎和安之所以成功的原因，也是我想要幫助你達成的目標。

千萬別以為演久即可成真

上述這些並不是要你爲了目的不擇手段，開始做作地戴上好人的假面具，事實上恰恰相反！剛開始工作時，我曾試圖忽略我與生俱來的好心腸，以堅毅剛強的模樣示人，結果最後還是假不來，同理，想裝和善也一樣行不通。我對於和善的定義是選擇做對的事，而且這麼做是因爲你本身就如此認同，而不是因爲這麼做會爲你帶來好處；想當好人的原因是因爲想締結美好善緣，而不是爲了促成一場交易。沒錯，人好會讓你前途無量，但你這麼做不應該只是爲了前途著想。

當你對自己不坦誠，就沒辦法自信地與自己相處。以虛僞的方式活著不但很不舒服，更別說還要在這樣的虛僞之下發揮潛力，因爲你大部分的精神都會耗在辛苦維持一個虛僞的自己。眞正的成功，來自於你的天賦能夠盡情發揮，展現眞摯的良善，在與自身價値和熱情相符的職場環境中發光發熱。此時的你，得以將最好的自己完全展現。

如果少了這樣眞摯的良善，就不可能締造永續的關係。你也可以這麼想：如果你的良善是友誼的基石，且萬分眞摯，那麼這段關係得以長久不摧。但如果你的良善是假的，那麼這段關係之後必然會崩壞。

這一切都與信任有關。如果你不真誠，那麼別人就不會信任你。一旦信任不再，就無法締結關係。研究顯示[4]，人們會直覺地在剛認識陌生人時問自己以下這兩個問題：「我是否能信任這個人？」、「這個人是否能贏得我的敬重？」要回答這兩個問題，我們會以這個人自內心散發出的溫暖和能力來判斷[5]。

有趣的是，當我們要衡量一個人的時候，第一個問題「我是否能信任這個人？」會比第二個來得重要。**事實上，我們通常會在信任感已經建立後，才進一步評估對方的能力**。這意味著如果對方決定他們無法信任你，很有可能是因為你不夠有溫度，或展現的善意讓他們覺得虛僞，因此你們就沒辦法進一步合作。更糟的是，他們可能還會把你的接近當作是在耍小聰明，或誤把你的能力當成在操弄他人，反而會討厭你的優點而不會因此尊敬你。

另一方面，同一份研究也指出，如果一開始就讓對方覺得你很溫暖、很值得信任，之後才證明你的能力，那麼人們就會崇拜你的優點，給予極爲正面的評價。這對於職場上和藹親切的領導方式來說，無疑是一劑強心針。

怎樣會變成「人太好」？

當然，如同其他人格特質（即使是好的特質），我們也有可能在職場或生活中當好人當過頭。如果我們因此變得好欺負，那麼「人很好」這個特質就不再是資產，反而成為負債。

事實上，大部分的人在「人很好」的範疇中，都會有個部分容易太超過。舉例來說，我的致命傷就是同情心氾濫。我總是不自覺地擔心自己會如何影響他人，因此有時候會被這樣的情緒給駕馭，這是我必須主動留意才有辦法取得平衡的問題。在本書中我也會分享一些應對此類問題的技巧，或許對你來說，致命傷是在做決定之前容易過度尋求他人的建議，或是對於棘手的議題總沒能成功地發表想法。在本書中，你可能會逐漸意識到，在某些特定領域你需要再更親切、更柔軟，有些領域則需要硬起來，並開始把自己放在第一優先順位來思考。

或許已經有主管或同事跟你說過你「人太好」。我訪談過的女性當中，有整整五十％的人表示她們曾經從主管、同事、客戶或其他人那裡聽過這樣的話。難怪有許多女性在職場上會感覺自己卡在這兩者之間，不知道究竟要對人再好一點，還是應該強悍一點。

對我來說，這個訪談結果顯示了重新彰顯並詮釋「人很好」有多麼重要。透過你的成功、自信和自然散發出的眞誠，你得以向周遭的人證明「人很好」也可以同時很有效率，這兩者並不互相衝突。

我的朋友凱特．科爾（Kat Cole）在她令人讚嘆的職涯中，一直在「人很好」的誤解中努力證明自己。凱特在大學時就開始在呼特斯（Hooters）餐廳工作，十九歲的時候就已經當過服務生、酒保和經理。當時呼特斯總部請她去澳洲協助設立當地第一間呼特斯餐廳，凱特從來沒有搭過飛機，對這樣的機會感到相當興奮。公司團隊跟她說，之所以會選她來擔任這個角色的原因之一，乃因她與同事相處十分融洽，並且在許多不同狀況下伸出援手協助同事。

凱特在澳洲過了一個多月後，呼特斯請她擔任主管職，領導團隊在中美洲開設第一家呼特斯餐廳。接下來幾年，凱特每十八到二十四個月就會升遷，有一部分歸功於她總是和善且慷慨待人。她也常在餐飲業界擔任志工，這樣的經歷讓她遇見自己的心靈導師，締結了相當有價值的關係。

凱特二十六歲的時候，就已躍升爲呼特斯的副總之一，負責全公司的教育訓練和連鎖事業的營運，她常常都是會議室內最年輕的成員，或是唯一的女性。但令人驚訝的是，即便她如此成功，總是會有人告訴凱特她「人太好」了。人們似乎認爲因爲凱特這麼年輕，又是女性，應該要表現出強硬作風才能繼續向前邁進。

但很顯然事實並非如此。凱特比任何人都清楚地知道，她之所以能成功是因爲她總是待人和善。所以當人們對她說她「人太好」的時候，凱特就會告訴對方：「我想應該要釐清一下，我人很好不代表我很笨喔！」

我覺得這個方法眞是太棒了，因爲這表示凱特坦然面對、不畏縮地直接承認她人很好，而不是爲此感到抱歉。透過她那句話，得以證明她人很好的同時，也不會與她其他強項相衝突。事實上，凱特跟我說，當她這樣表態之後，往往會讓對方不再小看她。

如果在職場上常有人對你說你「人太好」，請先釐清對方究竟是什麼意思。有可能是他們注意到在某些情況下你需要再更有原則一些，就像過去的我得停止對可口可樂客戶不斷點頭稱是，或是什麼都回「這眞是太有趣了。」你可以試試看用簡單的方式追問，例如：「是因爲你發現在哪個部分我太好說話了嗎？」或是「你覺得這樣對我會有哪些不利的情況嗎？」如果對方明確地指出是某一個弱項，那麼當你繼續閱讀此書時，就可以著重在這部分多加琢磨。

然而，如果對方的回答很籠統，或顯示出他只是不習慣工作場合中有人「人太好」，那麼就可以藉機讓這樣的想法改觀。此時與其不好意思地結束談話，不如把握這個機會，解釋爲什麼你覺得待人親切也可以是職場上很重要的資產。或許你可以舉幾個例子給對方，告訴他「人很好」如何在工作上幫了你和公司一把。

不久之前，我讀到一篇採訪瑪喬里・卡普蘭（Marjorie Kaplan）的報導，她在動物星球頻道和旅遊生活頻道擔任主管多年，報導中描述當別人告訴她「人太好」的時候，她的回應如下：「一直都會有人來跟我說：『我在想妳是不是人太好了。』有時候是因爲我是女性。而我就會這樣回應：『我人很好沒錯，因爲我想要這樣對待他人。而且也沒有『人太好』這回事，我的期望很高，而大家都能做到符合我的期望。這就是我的管理風格。我不是用恐懼來管理下屬，我是用期待來管理的。』對於女性來說，很容易被貼上人太好或太親切的標籤。但重要的是認知到我們能夠做出這樣的選擇。身爲人，且身爲一個女人，我帶到工作場域的其中一個價値，就是我想在工作時親切待人。人很好或很和善，並不是企圖心與執行力的相反詞。能夠有意識地選擇當個好人，這個選擇本身就很強大。」

當別人說你人太好時的五個回應方式

試著自由搭配運用下列這些回應方式，或加上你自己想到的回應，可應付不時之需。

- 「我知道，但人好真的幫助我很多！」

● 「請別誤以為我人很好等於好欺負喔。」

● 「你的口氣似乎覺得人很好是負面的。」

● 「我漸漸發現其實人很好的同時也可以很堅定。這兩者並不相互衝突。」

● 「這總比反過來好吧……誰會想要跟王八蛋一起工作呢？」

一切從你開始

或許到目前爲止，你因爲很在乎職場上其他人的感受而逐漸變得沒有主見。或許要擁抱自身的和善特質很難，用一些更強硬的手段對待他人反而更容易成功，但爲此你並不感到開心。關於「人好」這件事，不管你目前落在哪個範疇都沒關係。我們並沒有被教導該如何平衡工作上的和善與堅強，因此如果你在這兩者之間過於傾向某一方都是很合理的。不要爲此自責或浪費時間感到內疚。

在擔任年輕女性的心靈導師時我常看見這樣的情況，甚至有些資深的職場女性也常會陷入這樣的泥沼。她們努力地表現最優秀的自己，因而在做不好的時候不斷苛責自己。就在幾天前，我與一位煩惱的創業者聊到她的事業。她跟我說過去幾年來，她認為自己在工作上必須採取強硬作風以獲得成功，但現在她理解到如此強硬的手段，長期下來對她的事業是有害的。這段時間以來她傷害了許多人，也失去了他們的信任，現在她覺得自己在情感上斷了聯結。更糟糕的是，為了事業她需要再募集一輪資金，卻面臨了求助無門的窘況。她這才意識到過去在職涯中自己沒有多加善待他人，是多麼大的錯誤。

她問我改變的第一步是否要從在工作上對人和善開始，我告訴她，第一步是先寬恕自己。從她的語氣中，我聽出她對自己有多麼失望，於是我提醒她，在善待他人之前，得先善待自己。

因此在這邊我也要這樣提醒你：和善得從自己開始。如果一直以來你都對自己很嚴苛，你必須停止苛責自己。別忘了，要發自內心地當個好人，有一部分是要擁抱真實的自我。如果你總在數落自己過去的種種不完美，就沒有辦法好好擁抱自我。

是時候該停止了，每天早晨去上班時，別再把那個和善而充滿愛心的你留在門外，請開始讓自己與他人聯結和締結關係的能力展現出來。你將在本書中學到一些技巧，可以讓你在職場各種情境下更具決斷力、談判更成功、更能表達自己的主張，並清楚且直接地溝通，配合你內心散發出的和善特質，會讓你所選擇的職涯之路更為順暢。畢竟，「人很好」就是你的超能力。

FOCUS

重點回顧

●在職場上，「人很好」和「很堅定」兩者並不互相衝突！當你眞正擁抱你的和善，並有意識地運用它，就能因此扶搖直上。

●我所謂自內心散發出的和善，所描述的是一個體貼、尊重他人、公平、願意合作且待人慷慨的女性。

●別以爲演久了即可成眞。我對於「人很好」的定義在於要做對的事，是因爲你覺得這麼做是對的，不是因爲這麼做會給你帶來哪些好處。

●如果有人說你「人太好」，請試著追問對方：「是因爲你發現在哪個部分我太好說話了嗎？」或是「你覺得這樣對我會有哪些不利的情況嗎？」

CHAPTER

2

充滿企圖心但同時討人喜歡

就在我開始著手撰寫此書後，我參加了在紐約市舉辦的世界女性高峰會（Women in the World Summit），希拉蕊．柯林頓（Hillary Clinton）在這場盛會中發表了關於女性領導人與受歡迎度的演說。別擔心，我無意要泛政治化。不管你的政治立場爲何或你對希拉蕊有什麼看法，我想我們應該都能同意她對於女性領導人與受歡迎度的種種挑戰有些心得。想當然爾，希拉蕊在演講中提到，對男性來說，成功與企圖心都與其受歡迎度有關。也就是當一位男性越成功，他會變得越有人緣。但在女性身上卻正好相反。一旦一名女性越成功或越具企圖心，就會變得越不受歡迎。

有很多研究都支持這個說法。哥倫比亞大學商學院做了一項研究[6]，研究員對一群商學院的學生描述一名虛構的實業家。他們跟其中一組學生說實業家的名字叫做霍華德（Howard），而另一組學生則被告知實業家名爲海蒂（Heidi）。除此之外，兩組學生獲得的資訊完全一樣，但學生的反應卻恰恰相反。聽到實業家名爲霍華德的學生表示他應該是他們願意效勞的對象，然而另一組卻反映他們覺得海蒂應該是個不討人喜歡且自私的人。

我一邊聽著希拉蕊的演講，一邊感到腹中有千萬個結。她說的一切都是眞的。在我早期的職涯中，女性領導人不但稀少且彼此不相往來，我所遇到的那些女性領導者常會被貼上「機車」或「難搞」的標籤，然而她們的行事作風如果是在男性身上卻會被歌頌。因此，我在職場上遇到的某些女性會爲此走向另一個極端，她們事事妥協以討好他人，卻爲此被視爲「懦弱」或「沒主見」。

我思忖著，如果世界上最成功且最有權力的女性之一都覺得這是個難題，那麼我們其他人還有希望嗎？希拉蕊解釋道，身爲國務卿時她的聲望極高，但是當她宣布競選總統那一刻，支持度就大幅下滑。有很多關於她人緣好（或人緣差）的文章，當然其中也有很多是與性別無關的因素，使她成爲不被大眾喜愛的候選人。但毫無疑問的是，這種潛意識中對具企圖心的女性的偏見是普遍存在的。

我在職業生涯中所接觸到的每個產業，包括媒體、金融、創投甚至非營利組織等，女性依舊極少居於領導地位。雖然我在安永會計師事務所的小組領導人是女性，但我直到三十八歲才遇到一位女性直屬長官。很遺憾的，這樣的商場文化卻是常態。即使過去幾十年來有些進展，男性領導人依舊較爲常見，也因此影響了我們潛意識的期待。我們會期待男性具有企圖心，但如果有女性如此「不循常規」，我們則會質疑她的動機：「爲什麼她要這麼做？爲什麼這對她來說很重要？她是個自私的人嗎？」終究，我們還是不相信她，這也是爲什麼她變得不討人喜歡，甚至不時令人倍感威脅。

身爲一位有企圖心且極重視關係的女性，我的職涯不斷地在這看似不可能合一的兩者之間掙扎，而這個議題顯然也讓其他職場女性深感共鳴。受訪的女性針對受歡迎度與具企圖心兩者間的取捨，說出了這番話：

- 「第一個想到的就是『貶低』這個詞。『人很好』或『很討人喜歡』這些詞聽起來就跟（我偏好的詞彙）『很知性』、『很上進』、『很強大』、『很專注』或『很聰明』不一樣。事實上，它們比較像是『很服從』、『沒主見』、『很甜美』、『隨和好相處』等。但這並不是我想要被認定的詞彙。」
- 「我會想到女性在這方面總是很吃虧，因爲她們傾向討好他人，想要避免衝突，不願意爲自己仗義執言，也不想被視爲愛挑起爭端的人或好戰者。」
- 「我很喜歡與人很好的女性共事，但典型的情況卻是人越好的人往往比較沒企圖心，因而不會居於領導的職位。」

這些女性所提到的問題聽起來可能十分耳熟，但別擔心，雖然人們對於表現出企圖心的女性有著固有偏見是個事實，但並不代表無法成爲受歡迎的女性領導者。要走出這座雙重標準的迷宮，並不是要在受歡迎或減少企圖心之間做出抉擇，或做任何事情來解決這樣的刻板印象。

我學會的是擁抱自身的和善，並利用這樣的特質來輔佐你的企圖心。你內心深處的和善早已是你的一部分，只要再更有意識地發掘並運用它，就能獲取他人的信任，而這份信任會讓你的企圖心與和善成爲同樣重要的資產。

具有企圖心是什麼意思？

當我想到一個具有企圖心的人，我會聯想到下列三件事情：他們會將自己在工作上的努力與貢獻的點子歸功於自己；當機會來臨時他們會勇於表現自己；他們會主動爲自己製造機會。以下是我用來平衡和善與各方面企圖心的一些技巧。

▣ 歸功於自己

把自己的努力歸功於自己，出乎意料的是個困難的課題，尤其是如果有好鬥的同事很樂意拿你的功勞或點子邀功的話。我所輔導的一位名爲芮希瑪（Reshma）的年輕女性，最近就遭遇這樣令人挫折的情況。爲了替公司即將上市的產品命名，她所屬的團隊當時腦力激盪了各種點子，而她提出來的點子馬上獲得了眾人的讚賞。她剛到任不久，因而也相當自豪能夠在一開始就有如此重要的事蹟表現。

然而，她的同事約翰（John）是小組的召集人，跑去跟他們的共同主管分享了這個新產品的名稱，卻完全沒說這是芮希瑪的點子，事實上她懷疑約翰可能把全部的功勞都攬去了。芮希瑪來找我的時候，她感到挫折且忿忿不平，這樣的情緒甚至影響到她的工作表現。她問我如果是這樣，她爲什麼還需要努力工作？因爲她顯然不會因爲自己的貢獻而獲得功勞。

我問芮希瑪爲什麼她不向主管說清楚，她的回答是：「我不想被當成我在炫耀，或我努力工作只是爲了討拍。但當我知道有人拿了我的點子邀功還是會覺得很挫折。」芮希瑪完美地描述了許多女性在職場上遇到的雙重束縛——既希望能因工作做得好而被看見（這一點也沒錯！），但又擔心把功勞歸於自己的舉動會有損她們的形象。爲此我給了芮希瑪一些建議，可以在不顯得太傲慢或太沒主見的情況下將功勞歸於自己：

1. 說故事

人們天生喜歡聽故事，尤其是如果可以從故事中學到啟示的話。有個將功勞歸於自己的方式，就是聯結一個故事到這個事蹟上，並同時讓其他人從中學到有用的一課。舉例來說，我詢問芮希瑪在腦力激盪時是否有用到什麼獨特的技巧，讓她想到那個點子。如果有的話，她就可以在閒聊之間提到這個技巧，聽起來會比較像是分享，而不是自誇。例如她可以跟主管提到：「我想到那個產品名稱時所用的技巧，是一種叫做『聯想力腦力激盪』的方法，可以讓我的創意全然自由奔放。如果你覺得這可能對團隊未來開會有幫助的話，我很樂意跟大家分享這個技巧。」

這樣的說法會比直接說「那個點子是我想出來的」還要複雜許多，但還是可以清楚地傳遞訊息。除此之外，這也是一種方式，可以將你塑造成一位渴望分享專業的領導者。這樣一來既有企圖心，也完全不會令人覺得傲慢。主管們對於能夠提出創意解決方案的人都會眼睛爲之一亮，如果你分享的策略能夠幫助公司解決正遭遇到的難題，那就會具有相當的價值。

如果你的公司會固定開會分享處理得當的個案研究以從中學習經驗，你就可以把你的事蹟作爲個案研究呈報上去。這樣的設定讓你有機會分享你的故事給更多聽眾，同時也把一個學習機會帶給大家，更可以藉機好好地宣傳你的事蹟。

Achieving a Career You Love

自我提名

要獲得你所應得的讚賞的方法之一，就是要讓自己躋身於業界表現優異的名單中。你覺得這樣的名單是怎麼出現的呢？通常都是自我提名，或是由任職的公司所提名。因此何不讓自己名列在合適的名單上，甚至是角逐業界獎項呢？這是個很簡單的策略，可以讓你的努力獲得功績，也能為自己爭取一些潛在的機會。

有些人會覺得這麼做很蠢，但沒理由這麼想。努力為何不能得到讚賞呢？而且就算沒得獎或是沒被納入名單，你也沒有任何損失。如果你真的被列在名單中，請將這個功績寫在電子郵件的簽名檔。當我看到一位公司創辦人的來信中有「富比士三十位三十歲以下優秀人士」的連結，會讓這封信在眾多信件中脫穎而出，而這個人也比較有機會在我的行事曆上爭取到會面時間。

2. 一對一處理

如果這個事蹟本身沒有一個獨特或是能夠傳授的技巧，你還是可以用比較好的方式歸功於自己。在這樣的情況下，我發現一對一的互動會比團體對話來得有效。比起在一大群人面前，在人較少的環境下更容易控制你所傳遞的訊息，以及對方如何看待你。舉例來說，我告訴芮希瑪當她跟面試官或心靈導師或甚至與同事說話時，可以把這些對話視爲提起她的功績的機會，用謙虛的方式說：「我所提出的那個新產品名稱獲得這麼多讚賞，眞的讓我很興奮。」

我給芮希瑪的另一個建議選項是，先假設她的主管已經知道這是她的點子。畢竟她並不清楚約翰是否有跟主管說是她的主意。我鼓勵她在接下來的週報時可以跟主管說：「約翰有跟您說我們上次那場腦力激盪會議有多棒嗎？知道您喜歡我的點子讓我很開心。」

芮希瑪一開始對這個建議有點猶豫不決。她在同部門裡有位比較親近的朋友名爲金（Kim），當時也在腦力激盪會議上。金替芮希瑪打抱不平，並主動提出她要去跟主管說那個產品名稱是芮希瑪的點子。當芮希瑪跟我說這件事的時候，我也難以下決定。一方面我覺得這是個職場上女性互相支持彼此的佳例，我很喜歡這樣的情誼。但另一方面，我是眞心想要幫助芮希瑪喚回自信，去爲自己的點子爭取功績。我提醒她，工作表現優異廣爲人知並沒有錯，而且只要不增加任何負面訊息或指控約翰竊取她的點子，她可以將受歡迎和具企圖心兩者完美結合。

3. 盡量涵蓋其他人

記得，當你在工作上獲得功績，不太可能是由你一個人所獨立完成，因此，分享功勞是很重要的。這有時候會爲「人很好的女性」帶來矛盾。具企圖心的女性常得到的不公平批判，便是她們很自私，凡事只爲自己好，因此適時分享功績就是反駁這個偏見的好方法。但要怎麼樣才能避免不會做得太超過，反而讓自己的功勞不被看見呢？在我的職業生涯中，我發現分享功績而同時不降低自己的重要性是有可能達成的。

以芮希瑪的案例來說，她的點子並不是在腦力激盪會議一開始就想到的，有可能是某人說了一些話之後，才促使她想到這個傑出的點子，即使可能只是在潛意識層面獲得啟發都算。因此我與芮希瑪討論，她可以用這個方式來分享她的功績給其他人：「我們當時討論得很熱烈，接著我就想到了這個點子。」或「這要歸功於大家提出的想法幫助這個點子的形成。」這個方式讓她覺得比較像自己，在我們下一次碰面時，我也很高興地得知她最後決定用這個方法讓主管知道她的功績。這不但清楚地讓主管知道點子是她提出的，同時也一併提昇了周遭同事的貢獻度。

Achieving a Career You Love

五個與他人分享成功的方法

- 如果有人不直接隸屬於你之下，但在重要專案中表現優異或幫助你贏得功績，可以寄電子郵件給這個人的直屬主管表揚他／她，並將這位同事列在郵件副本中。這麼做只需要花十秒鐘，卻會讓他／她十分感激。
- 在會議上直接說出同事的功績，請他／她起立接受大家的鼓掌。
- 請同事吃飯，慶祝倆人合作完成的事情。
- 送給幫助你贏得功績的同事一張他／她的愛店的禮物卡。舉例來說，如果你知道他／她每天早上都會在上班路上去星巴克買杯拿鐵，就可以送他／她一張星巴克禮券。
- 如果主管或其他同事誤把別人的功績歸功於你，可以用不會讓對方丟臉的方式說出來。你可以這麼說：「那很棒對吧？那是珍娜特（Janet）的點子。」而且最好可以在別人搞錯之前主動先說：「這是珍娜特提出的絕妙主意。」

▣勇於表現

大部分具企圖心的人會在新的機會到來時舉手自願。很遺憾的，這些年來在我輔導或共事的女性中，我常看到她們不相信自己的能力與男性同仁旗鼓相當。研究顯示的確有這樣的「自信心落差」存在。此外，研究在在顯示，男性會高估他們自身的能力，而女性卻會低估她們自己。

當惠普公司（Hewlett-Packard）打算讓更多女性居高階管理職的時候，卻發現女性只有在她們認爲自己百分之百符合該職位所列出的條件時才敢申請。換句話說，她們只會在完全適合該職位的時候才會提出申請。然而，男性只要符合六十％的條件時，就覺得可以提出申請了。此項差異之大，可以直接視爲女性在領導職位代表性嚴重不足的原因。

我承認在自己的職涯中我也難辭其咎。當時我任職於 Moviefone，美國線上公司收購它之後便與時代華納公司合併。當時我三十歲出頭，在 Moviefone 已工作了好幾年，開始蠢蠢欲動想做點不一樣的事。我聽說管理高層想集結一組人馬來居中協調美國線上公司和時代公司（也就是時代華納公司的雜誌出版部門），這兩個部門間的關係有些緊張，因此他們正在尋找擅於人際溝通技巧的人來促使雙方合作順利。

這個機會聽起來對我再適合不過，我也很希望可以在時代公司旗下的品牌做事。我想要主動爭取，同時卻很猶豫。我從來沒有在雜誌出版社工作過，而且如此具指標性的時代公司品牌（旗下有《時代》、《財星》、《時人》等雜誌）也令人望而生畏。我知道出版界許多聰明的頂尖人物都曾在這些品牌工作過，但我發現我竟開始質疑起自己的資格。

當時在美國線上公司有位男性同事的處境跟我很類似，我們的資歷也十分相近。然而他跟我不同的是，他馬上就積極地採取行動。他知道人際互動是我的強項，因此也鼓勵我加入他的行列。最後，我接下這個機會，引領了我邁向在時代公司的嶄新職涯。

我現在才理解，原來我和同事在無意中體現了各自性別上常見的行爲。對於男性來說，他們很習慣直接表現，而對女性來說，卻很容易往後退縮，等待有人拉她們一把。我也發現我所輔導的女性在很多時候都會這麼做——質疑自身的能力且在應該勇於表現時沒能挺身而出，除非她們覺得自己完全符合，有時候甚至遠超過條件才願意出頭。

那麼，如果女性因爲低估了自己而退卻，我們該怎麼辦呢？首先第一步很簡單，就是要有所覺知。當有機會降臨且讓你怦然心動，但你覺得自己可能不符資格時，請提醒自己，你可能比自己想像的還要適合這個位置。

接著，調整你的自我評價。別忘了研究顯示男性只要符合六十％的資格，就會主動申請該職位。因此你可以自問：「我是否已符合這個職位條件的六十%？」如果答案是肯定的，就採取行動吧！一位跟你擁有同樣條件的男性在此時可能早已挺身而出了。我會在第五章分享更多建立自信心的技巧。

以自信心落差而言，女性經常會將自己限制在後，是因爲我們在不經意間對於自己能成爲的模樣自我設限。從小學開始，我們就被教導要當個「乖女孩」，整天坐在書桌前把功課做完。研究顯示小學老師常會不自覺地用不同的方式對待男生與女生[7]，他們會誇讚女生很整齊、安靜、乖巧，然而卻鼓勵男生要有獨立思考的能力，要活潑並勇於說出自己的想法。

是的，你當然得完成自己份內的工作，但同時保持警覺也是很重要的。我的意思是，你也應該要懂得把頭從書桌上抬起來，看看周遭發生了什麼事。哪裡有更多機會與職缺，讓你可以自願擔待更多責任來開創自己的格局？我所輔導的一些女性會避免這樣的行爲，因爲她們擔心這麼做會顯得太強勢。但我可以從自身的經驗告訴你，其實領導階層很感激有人勇於表現，主動承擔更多責任或適時抓住機會。

我知道你很想專注於當下，把工作做好，然後下班回家，但這樣不會讓你有所進步，更不是「乖女孩」唯一能爲這個世界做的事。若要勇於表現，你必須保持警覺。這裡有些方式可以讓你這麼做，卻不會讓人覺得強勢：

1. 簡化事情

我早期任職於可口可樂公司時，發現我的主管每天要處理的資訊繁多。有看不完的報告、電子郵件和開不完的會。我將自己擺在他的位置思考，試圖想像一下吸收所有資訊的感覺，同時還要管理幾百位員工，我想他一定快被這些事情淹沒了。因此我爲自己設立了一個目標，去找他的時候要盡可能地濃縮關鍵資訊，讓他可以快速跟上進度並做出妥善的決策。

老實說，這麼做讓我的工作加重許多。我需要花好幾個小時的時間，把散布在不同試算表的複雜財務分析整合成只有一頁的關鍵資訊。當然，我也可以帶著所有的試算表直接去辦公室找他，這會容易得多。看到這邊，你可能會覺得這不過就是我卑躬屈膝的故事，但請繼續看下去，因爲這其實是我勇於表現的方式——以較爲和善的形式進行。我知道我的主管會很感謝我用自己的方式來爲他節省寶貴的時間。此外，這也讓我無論向主管展示什麼，他都能輕鬆地快速做出決策，使我的工作跟著更有效率。

幾年之後，在我還只有二十九歲時，這位主管升我做可口可樂公司一個十億美元部門的財務主任。突然之間，我旗下有一百四十位下屬要向我匯報，其中有許多人已在可口可樂工作多年。我不懂我做了什麼，竟然能夠超越其他人贏得這個升遷機會，他們比我還要更有經驗、更資深，更別說年紀都比我長。因此我直接去問主管：「爲什麼是我？」

他的回答深深影響了我的職涯，也是過去幾年間我與好幾百位年輕女性分享的話，他對我說：「因爲妳很聰明，而且妳讓我的人生更輕鬆。」那些我花在編輯簡報上的時間終於有了回報。當我提供的東西比被要求的還要多的時候，我證明了自己的勤勞與效率。我抬起頭來，觀察主管眞正需要的是什麼，然後勇於表現。

2. 從他或她的清單上拿掉一些事

另一件我在可口可樂公司替主管做的事，對我倆來說也是雙贏：我觀察到他的時間總被持續不斷的邀約打斷，因此我自願替他與外面的供應商和其他想跟他碰面的人開初步會議。同樣的，我這麼做並不完全只是爲了要幫他。我想要勇於表現，補足他沒空的時間，並將其視作機會。藉由參與這些會議，讓我有機會累積到當時職位無法獲得的寶貴經驗與知識。這個舉動對公司與我的主管也是好事，因爲這表示我們可以開更多的會議。

許多女性在初階職位上只會等待主管指派特定工作，這麼做當然沒錯，但這樣無法確實展現你的企圖心。請保持警覺，抬頭看看周遭正在發生什麼事。你的主管是否已經壓力過大、忙不過來了？如果是，有沒有什麼是你可以幫忙的？

觀察這個人需要處理哪些事情，以及你可以如何貢獻。接著勇於表現，主動替他接下一個特定項目。或許你可以先從他需要撰寫或花時間找資料的報告或簡報開始，身爲一位主管，無論何時，只要我的團隊成員有人主動先幫我整理一份報告的初步草稿，我就會感到十分放心與感激。而且如果你這麼做，很有可能最後會一起參與這場報告的會議，從過程中獲得曝光並學到知識。

這樣的方式比單純問：「有什麼需要我幫忙的嗎？」還要更具企圖心。主動提供協助很好，但若非自願要做某特定項目，反而是把這個責任加諸到其他人身上。換句話說，光是要想出你可以怎麼幫他，對這個人來說就是另一個負擔。與其如此，不如直接觀察他的需求並思考你可以如何協助。這並不只是待人和善或服務他人的方式，這其實是一個強而有力的方式，讓你勇於表現，也是讓你累積經驗處理更高階任務的良機。

▣ 創造機會

如果你眞的想要成功，光是抓住那些在一旁等候的機會勇於表現還不夠。有時候，你得要爲自己創造機會。採取主動就是一個重要的方式，能夠建立自己富創意、有企圖心且積極主動的形象。在你努力爭取既有機會的同時，別忘了還有很多尚未被發現的無窮機會在等著你。該怎麼從零到有所創建呢？可能會是落在構思新客群的點子、節省成本的機會或目前公司沒有開發的新技術等方面。

舉例來說，我在 Moviefone 的時候，我和同事雪蘿・葛羅斯曼（Cheryl Grossman）發現我們一直著重在將廣告賣給電影公司，卻完全忽略了其他品牌的潛在收益。我希望能建立一個專門聚焦於此的團隊，但我擔心如果主動這麼做的話會引起他人反感。這時當個「人很好」的女孩就很有用了。我先去找同事，特別是營收總監和研究負責人，並藉由此問題得知他們的想法：「我們在電影公司的業績已經蒸蒸日上了，但或許我們在其他品牌那邊反而沒賺到該賺的。你們覺得呢？」

一經取得他們的同意，我便去找主管告訴他我想要建立這樣一個小組，專門從其他品牌獲取廣告收益。他同意讓我聘僱兩名員工來創建這個小組，最後我們做得非常成功——部分得歸功於我們已事先取得了同仁的全力支持。當你在創造機會的時候，重要的是找到關鍵人物，讓他們跟你站在同一邊，讓他們也參與整個過程。只要你清楚地表示你是想要合作而非競爭，就可以獲得他們的信任與尊重。

你如何呈現這個想法本身也很重要。在我成為主管後，我馬上就發現男性與女性下屬前來跟我溝通點子的方式完全不一樣。一般來說，男性會隨時闖進我的辦公室或在電梯裡攔住我向我兜售點子，但女性則會花時間給我看一個做得很精美且很完整的簡報。

事前準備妥當並沒有什麼錯，事實上，我也非常建議你這麼做。能夠看出你在呈報給主管之前有花時間思考當然很好，但事實是如果你在得到主管的回饋之前，不只把時間都用來準備這一個機會，你或許可以創造出更多的機會。這時候你反而就要懂得如何討好他人了。

要創造機會可以先從輕鬆的閒聊開始，接著，如果你獲得對方熱情的回應，就可以著手進行較正式的提案。關於這段初始的對話，可以先讓對方知道主題，也就是你想要探討的題目是什麼。接著，將你的點子分成三個要點說明：❶你所要投入時間的機會點是什麼（或是你想解決的問題是什麼）。❷用一些數據點來證明這個機會點的大小。❸爲什麼是由你來提案。

然後，如果你沒有得到同意，那也沒什麼損失。因爲你還沒有爲這個想法投資太多，你還可以趕快去發想下一個絕佳良機。

受歡迎的壞處——討好他人

當你在職場上努力地用「人很好」的特質加速你的企圖心，記得要劃清「人很好」和「討好他人」的那條界線——也就是專注於如何討人喜歡，並以自己的方式來關心他人。要同時做到和善且堅強是有可能的，但這當中有個微妙的平衡。當你駛進了討好他人的那個區域，就很難被當成是個強悍的領導者，反而會成爲他人眼中沒有主見的人，無法做出艱難的決定。

即便在今日，年輕女孩從小就根深蒂固地被植入「討好他人是重要的」，因此甚至常常無法分辨我們這麼做究竟是想討好他人，還是我們眞心想這麼做。對我們來說，被喜歡很重要，因此很容易就會不小心越線，之後才發現竟把對方的需求看得比自己還重要。這是我自己也還在努力的一件事。因此我想花點時間聚焦在**人很好（被喜歡）**與**討好他人**之間細微卻重要的差異。當你逐一閱讀這份清單，請花點時間回想這兩個概念的關鍵差異之處。

人很好：樂觀，但依舊誠實且直接

討好他人：爲了避免紛爭而逃避問題

杜克大學（Duke University）的研究顯示[8]，當工商管理碩士生（MBA）畢業後進入職場時若較樂觀，且相信他們的工作與貢獻會爲公司帶來益處，則較容易錄取工作且獲得的起始薪資較高。一段時間後，他們也會比其他悲觀的同學更常獲得升遷。我當然也將樂觀視爲發自內心待人和善的重要本質，但如果你太專注於避免衝突而刻意避開一些潛在問題，那麼這就不是「人很好」，而是你想討好他人。

我有一次也陷入了這樣的陷阱裡。在我擔任美國線上公司的節目副總時，我得做一份報告給一位執行長看。我的團隊需要呈報五個點子，每一個都要能爲公司帶來一百萬美元以上的收益。團隊中每個人都很努力，也盡責地提出了足夠的點子。在開會的前一天，他們跟我分享了這些點子，但是我卻覺得很失望，因爲我覺得他們提出來的點子都不夠強。當時我第一個反應並不是去找主管爭取更多時間，因爲我不想造成他的困擾，於是我整晚沒睡，爲了隔天的簡報重新準備了一份新的點子清單。

不幸的是我的簡報進行得並不順利。開會時，我的團隊成員們在發現我做了什麼後十分驚訝。他們那麼努力想出來的點子跑到哪裡去了？最後那場簡報徹底失敗，我的團隊沒做準備所以無法支持我的論點，最糟的是，這一切都是我咎由自取。我試圖要討好每個人，特別是我的主管，因而沒向他爭取更多時間，還有我的團隊，我也沒要求他們再提供其他點子。最後我的下場就是讓會議室內的每個人覺得權利被剝奪且對我十分失望。

現在回頭看，我很清楚知道哪些地方該改進。當時我請團隊在會議前一天把點子交給我，但這樣的時間還不夠確保我們是否能順利進行。如果可以更早獲悉這些點子，我就可以處理得更好。

如果我能夠回到過去重來一次（如果可以該有多好！），我會跟主管說：「這些點子還不夠好，我也不想浪費你的時間聽簡報。我寧願回去給予團隊成員指引，幫助他們提出更好的想法。如果再給我們一點時間，我有信心我們可以做得更好。」如此一來不但不會製造問題，這個方式還可以讓我保持正向，因爲我所提出的是誠實可靠地面對問題的解決方案，而非問題。但我當時只是想討好每個人，最後卻誰也沒討好到。

人很好：樂於助人
討好他人：卑躬屈膝

很不幸地，職場上的性別歧視一直都存在，因此女性比男性更常被叫去跑腿、買咖啡或是辦事[9]。很顯然的，這對我們不但是一種貶低，也是浪費我們的時間。然而，要被人喜愛以及發自內心地待人和善，也包括樂於助人並以自己的方式幫助其他人。這樣該如何劃清界線呢？

這是我在職涯早期的時候爲自己訂下的規則：只要我是出自眞心想幫助他人，或是背後有個策略性的理由（而且只有在這兩種情況下），那麼我很樂意幫忙跑腿或辦事情。舉例來說，當年我在時代公司影視部（Time, Inc. Interactive）任職執行製作人時，我的團隊正爲了一個重要簡報而加班。我去了星巴克替大家買咖啡，使他們保持清醒和動力。當我在較初階的工作崗位時，每當有資深同事要我幫忙時我都會答應，我知道這些人對我未來的職涯會有幫助，因此我很樂於幫助他們。

但也曾發生過不少次有人請我幫忙而被我拒絕。最過分的一次就是當我還在 Moviefone 的時候。我的團隊飛到洛杉磯跟一個大型電影公司開會，當這間公司的執行長走進門時，我們已坐在會議桌前了。當時我是團隊中唯一的女性。這位執行長繞了一圈跟每個人握手，當他來到我面前時，他問道：「可以請妳幫我倒杯咖啡嗎？」

我的大腦瞬間加速運轉。我想拒絕，但我也聽到腦中警鈴作響，提醒我不要無禮或被討厭。同時，我也知道如果我眞的替他倒咖啡，那接下來的會議我根本毫無威信可言，因爲那樣就眞的是討好他人的行爲。最後，我起身握了他的手，並說道：「我是法蘭．豪瑟；我目前管理 Moviefone。」此時他才發現他錯了，進而請他的助理去拿咖啡。

爲自己訂下方針可以幫助你知道可以答應哪些類型的任務，哪些則要拒絕。透過這個方式，你再也不會因爲草率答應突如其來的要求而事後後悔。我看過很多女性在職場中出現被動攻擊者的行爲，當我跟她們聊到這個問題時，我發現原因來自於她們討厭卑微地替他人辦事。這就是討好他人最常見的負面影響，也可能會成爲你職場表現和成功的阻礙。

舉例來說，當我在美國線上公司的時候，我發現有一位叫做賈姬（Jackie）的年輕設計師會在會議中翻白眼或說出諷刺的評論。有一天開完會後，我問她是否有時間聊一下。我們到了我的辦公室，我說：「近來我在會議中發現妳好像有點反常，似乎有什麼事情在困擾著妳，我想了解發生什麼事，看看能不能幫得上忙。」

賈姬一開始有點猶豫。「我不確定我是否要跟妳聊這件事。」她說道。我告訴她，任何跟工作表現有關的事情都可以放心跟我說。最後賈姬才跟我分享她受夠了當整個設計團隊的「跑腿小妹」。賈姬二十五歲，這是她自大學畢業後的第二份工作，她是一位設計師，不是助理或聯繫窗口。然而她剛好是團隊中最年輕的人，因此某些事情就自動落在她頭上。

我請賈姬再跟我多說一些事情，隨著我們聊到一些她所討厭的責任或雜務，我發現有些事（例如幫其他設計師影印）她可能還是得繼續做。「我記得剛入行的時候我也得做這些事。」我這麼告訴她。而聽到自己並非唯一一個的時候，她似乎感覺好一些了。幫忙印東西幾乎在所有團隊中都是交由年紀最小的那一個。

然而這其中似乎有些賈姬負責的項目不太合適，例如每天下午她都要出去幫整個團隊買點心和咖啡。這對她一整天的工作行程來說是個很大的干擾，因爲她永遠無法得知什麼時候會有人要她出去買東西，而且她得隨時放下手邊的事情去詢問大家想吃什麼，然後才出門跑腿。

我建議賈姬可以去跟她的經理說：「有件事情我想聽聽你的建議，我很樂意幫團隊的忙，我也想參與團隊合作，但每當我設計到一半的時候被找出去幫每個人買點心會打斷我。」這樣的方式聽來不像抱怨，而像是爲自己挺身而出。

賈姬的主管反應相當正面，並決定設計一個輪值表，這樣一來團隊成員可以輪流出去買點心。當輪到賈姬的時候，她就會事先知道並控制她想休息的時間，蒐集大夥兒的點單再出門。賈姬因此得以更專注於工作，更棒的是，她的態度也跟著一百八十度轉變，變得更積極正面且願意在會議中有所貢獻。

如果你不確定自己是否被占了便宜，或被交辦的任務是否爲公司特有文化的一部分，請向公司內部信任的人諮詢取得建議。他可能是你的同仁或心靈導師，甚至是主管，這大部分會因文化而異。總地來說，當然有一些通用的標準可用來衡量是否妥當，但是請公司內部的人提供額外見解總是有幫助的。

人很好：謙虛
討好他人：貶低自己

如果你是一位強悍而充滿企圖心的女性，那麼一點幽默感和輕鬆態度可以讓你走得更遠。無論男性或女性，當一位領導者的態度不那麼嚴肅時，會感覺比較好親近。透過一點人性的表現，可以化解周遭的嚴肅氣氛，也讓你顯得容易與人聯結且不具威脅性。然而，很重要的是過猶不及，別眞的因此看輕自己，或投射出負面的形象，這樣反而會有反效果。

舉例來說，當我在美國線上公司的時候，我有一位名叫瑪夏（Marcia）的同事常常遲到。更糟的是，她也總是貶低自己，說一些喪氣的話：「我好糟糕。」或「我就是沒辦法打起精神來。」我第一次聽到她這麼說的時候覺得很好笑，也讓她感覺更有人性。畢竟瑪夏是公司裡很資深的成功女性，而且她也可能是故意這麼說，讓周遭的人更願意親近她。

但隨著瑪夏一次又一次地重複這些話，她也貶低了自身的可靠度。由於她所呈現的形象給人感覺非常沒有條理，而且她自己也知道這點，所以有時候其他人做決定時便會跳過她，轉而詢問她的團隊中其他人的意見。有幾次她對於已做好的決策表示反對，因而在她的部門中造成很多衝突與失衡。

謙卑與自我貶低之間只有一線之隔。多注意你提到自己時的方式，如果聽起來很苛刻、諷刺或有貶低意味，就試著多給自己一些自我尊重，千萬不要踐踏自己來抬舉別人。

受歡迎＋能幹＝討人喜歡的閃亮之星

我不是唯一一個注意到職場上受歡迎度很重要的人。《哈佛商業評論》指出[10]，當人們要決定跟誰共事的時候，受歡迎會比能幹來得重要。如果某人的人緣極差，那麼他的能力就變得無所謂了。然而如果某人很討人喜歡但能力不足，他的同事比較有可能溫和地評價他，也想與他共事以幫助他增進能力。《哈佛商業評論》把受歡迎又能幹的人稱作「討人喜歡的閃亮之星」（lovable star），這些星星結合了人緣好與企圖心的特質，是許多女性努力想要達到的目標。

北卡羅來納大學教堂山分校（University of North Carolina, Chapel Hill）也證實了這樣的結論，他們研究了地位與受歡迎度之間的差異[11]，尤其是針對青少年和青少女，他們發現青少年可以同時地位崇高且倍受喜愛，但常被追求的少女很多時候人緣並不好。然而，當研究員追蹤這些青少男和少女高中畢業十年後的生活，則發現過去倍受喜愛的女孩（當時被定義爲關心他人、和善且心胸開闊）若將這樣的特質應用在職場上，則人生的成就較爲正向。另一方面，過去地位崇高的青少女們（也就是所謂「刻薄的女孩」）十年後的表現不如前者。她們的感情關係較不成功，且常會有毒品和酒精的問題。

這跟你在第一章所讀到的研究相互輝映，也就是在職場觀感上，值得信任的人比有能力的人來得更重要。事實上，這些研究的結果都與目前職場價値觀與約定俗成的商場潛規則相斥，你不需要爲了功成名就而成爲殘酷無情的人。雖然「人很好」很容易被視爲是個弱點，但我的經驗與這些研究證明了它的關鍵重要性。當你的企圖心與自內心散發的良善齊頭並進，它們就會是促使你成功的工具。

FOCUS

重點回顧

- 人們對於具企圖心的女性有雙重標準：越成功且越具企圖心的女性往往也會越不受歡迎。但我們仍舊可以打破這個觀念，變得既成功又深受眾人喜愛。
- 要達到如此目標，請將你發想的點子功勞歸功於自己，同時也涵蓋大家。即使你不確定自己是否完全適合這份工作，也請勇於表現。更別忘了隨時找方法創造能爲自己和公司帶來益處的機會。
- 人很好不代表要討好他人！千萬別爲了不想引起爭端而逃避問題、表現得卑躬屈膝或貶低自我。相反的，要更正面、誠實、樂於助人並虛懷若谷，這樣會讓你成爲一位天生和善又堅強的領導者。

CHAPTER

3

有魄力且和善地表達自我

我最近和一百位左右的大學生團體聊到富同情心的領導方式，成員大部分是女性。演講結束後有一段問答時間，我注意到舉手發問的二十多人裡面，只有一位是女同學。然而就在我回答完所有問題準備離開演講台時，有幾位女同學主動排成一列，希望可以跟我一對一談話。

在這次演講過後，我花了一些時間跟商學院院長聊天，並告訴他我注意到女同學們似乎找我個別談話比較自在，而不是在一群人面前提出問題。他的回應是：「每一場活動都是這樣，不管講者是誰都一樣。」

這讓我驚覺到這些年輕女性（她們一對一的談話內容所展現的自信與智慧讓我印象深刻）依舊有些退縮，無法在眾人面前表達自我。但其實我不應該這麼驚訝才對，我在職涯中觀察到許多女性都有這樣的傾向，在職場團體中較爲安靜。就如同稍早所提及的，這也是我自己很努力克服的一點。

當我終於找到自己的聲音，就發現我的角色若要有效率，自我表達是很必須的。然而，我周圍很多女性仍舊落入被視爲沒效率或軟弱的陷阱，只因她們從來沒有好好表達自己。不管這些女性在一對一的討論中多麼聰明且令人印象深刻，在會議上沒有發表意見就會損害她們在職場獲得成功的機會。當女性不跟眾人分享她們的想法，其貢獻度就容易被忽略，也很難讓她們被視爲領導者。人們會自然地想追隨立場鮮明且自信地說出自己意見的人。

表達自我的重要性並不只是爲了個人職涯的精進，你的想法、點子和意見是有價値的，但如果沒有被聽見，那就眞的會損失一個機會。二〇一四年《科學人》（*Scientific American*）發表了一份突破性的特別報導[12]，旨在探討多元化如何驅動創新。經過幾十年的研究，他們的結論是「擁有多元種族、民族、性別和性取向」的團體會比同質性的團體還要更富創意和創新。因此，持續聽取各式各樣且多元的聲音可以讓商業成果更加豐碩。這表示不管你處於哪個行業，若你學會表達自我，提供獨到珍貴的見解，就可幫助公司和自己的職涯更上一層樓。

討好病

爲什麼這麼多女性仍舊因爲不願表達自我，而在潛意識裡封殺了自己的成功呢？其中一個原因便是那些果斷表達自我的女性常被視爲太有侵略性或咄咄逼人，而這樣的雙重標準也讓女性不知道如何在表達意見的同時不會被其他同仁將此視爲負面的行爲。這又回到想討好他人的傾向，既然立場鮮明就會不可避免地疏遠某些人（至少我們是這樣假設的），所以我們反而寧願打安全牌，選擇討好他人而安靜不發言。

這種討好他人的習慣通常從童年就開始了。根據喬安．迪克博士（JoAnn Deak）所做的研究[13]，當女孩們來到八歲至十二歲的年紀，就會開始意識到其他人如何看待她們，並開始「掩蓋」她們眞正的想法或感受以期能融入同儕。這些女孩不想在團體中特立獨行，因此她們停止表達自我或說出想法，開始模仿其他人以討好別人，希望能融入團體中。

在這樣的現象發生之前，大部分的女孩都還能表達自我的看法，尤其是如果你曾花時間跟八歲以下的女孩相處，就一定會知道我在說什麼！但迪克所訪談的多數青少女都承認即使對某個議題有想法或具備重要知識，她們還是寧願保持安靜，避免被視爲「太積極」、「很煩」或「盛氣凌人」。

這看起來似乎是青春期常見的一部分，但此現象的長遠影響可能會造成很大的傷害。當女孩們開始遮掩她們眞正的自己，此時又正逢自我身分的發展期，就會錯失發現自己眞正想法、感受以及如何表達自我的重要機會。如此一來，即使這幾十年來我們一直在提倡女性自主，但職場上仍有許多女性寧願掩蓋、隱藏或淡化自己的想法和意見，也不願意直接溝通。這也是我所輔導的對象會問我的關鍵問題之一——該怎麼和善且堅定地表達自我，同時也是我針對全國女性的調查中排行第一的問題。她們是這麼說的：

- 「如果我保持安靜，我的老闆就會覺得我沒有要補充的。但如果我太常發言，我的同事就會覺得我很機車。我眞的沒辦法兼顧兩者。」
- 「我向來溝通是很直接的，但這樣通常會被誤解，別人會覺得我很無禮。我討厭自己在工作上必須表現得像別人一樣才能跟大家處得來。」
- 「在會議中要表達想法對我而言眞的很難。我通常會覺得其他人的意見比我的還有價值，所以我不想浪費大家的時間聽我說話。」

這些話聽起來是否很熟悉？至少對我而言是。令人難以置信的是，像這樣隱諱的偏見到處都是。一名果斷直截的女性往往會被視爲無禮、咄咄逼人或甚至易怒。

不幸的是，其他偏見會讓這個情況更加複雜。我最近和身爲作家、演說家、律師與美國女童軍（Girl Scouts of the USA）前任執行長的安娜．沙維茲（Anna Chavez）聊起這個問題。身爲一位堅強成功的有色人種女性，安娜一路走來一直覺得自己被貼上憤怒或具侵略性的錯誤標籤，但事實上她只不過是在工作時大聲說出自己的意見。然而，因爲她必須很努力表達自己才能被認眞看待，所以她幾乎不可能在兩者之間成功找到平衡點。

安娜跟我說了她早年工作時的一個情況，當時她第一次被指派爲聯邦機構的代表參加公聽會。她才剛從法學院畢業不到兩年，外表看起來比實際年齡還要年輕。當她走進位於科羅拉多州奧羅拉市的公聽室，有幾位男士已坐定在會議桌前。其中一位官員看著安娜，問她是否知道聽證官什麼時候會到，因爲他和同事很忙，還要趕回公司。他直接假設安娜是祕書或律師助理。安娜頓了一頓，回答道：「嗯，你很幸運。聽證官就在這裡，我已經準備好要開始聽證了。」

所有男士們都很驚訝安娜竟然是負責裁決這場聯邦公聽會結果的聽證官，在這個過程中，安娜發現自己試著向這些男士展現自己的威嚴，同時也維持一定的親切感。之後的幾年，安娜學會回到最眞實的自己，專注於她在工作中所努力展現的和善，並以自身的言行舉止作爲示範，以自己希望被對待的方式待人。這聽起來可能有些陳腔濫調，但專注於自己本身的確幫助她呈現無聲的自信，取得堅強與和善、自信與富同理心之間的微妙平衡。

對我來說，安娜就是活生生的例子，證明我們不需要爲了變得強大而放棄本身的和善特質。我們給他人空間的同時，也可以把自己放在合適的位置上。當我們挺身而出，正氣凜然地表達想法時，並不會貶低對方。事實上，爲自己營造可以說話的空間與氛圍，對其他女性而言也很重要，因爲當越來越多女性停止僞裝自己，就越能引導每位女性或女孩都成爲更有力量的人。

表達自我的技巧

當年我還在爲此掙扎不已的時候，我的主管注意到要我在會議中貢獻想法很困難，也發現這與一對一談話時的我有很大的差異。爲了鼓勵我多表達自己，他開始在每次開會前指派任務給我。他會打電話給我：「法蘭，在今天的會議中，請妳跟大家彙報目前重整結構的進度。」

這讓我有時間整理想法，以我自在的方式貢獻所長。我的主管在許多會議前都如此要求，直到我發現不管有沒有被指定發言，我的想法是眞的具有價值的。而當我越常發言，我也越能主動自在地說出想法。

如果所有主管都能用此方法鼓勵女性員工勇於發言，我想這會對女性（尤其是年輕女性）在職場的貢獻有很大的影響。以這樣的精神，你可以思考如何幫助害怕發言的女性同仁表達自己。我參加的每一場會議中，幾乎都會發現有女性成員安靜地坐著。這時候我就會指出這件事，並溫和地請這位不敢發言的女性出來分享，例如：「莎拉（Sarah）和我稍早討論到這件事，我很喜歡她的看法。莎拉，妳可以跟大家分享妳的想法嗎？」

當然，如果事前有先向這個人預告會比較好，這樣當你點名她時就已準備好，不用突然上火線。另一個我會用的方式就是讓新的團隊成員有機會締造功績以增加信心，然後我會在團體會議中宣揚這份功績。例如：「瑪麗亞（Maria）昨天剛達成她的目標。恭喜妳。可以跟大家分享妳是如何辦到的嗎？」

當我努力地爲自己發聲時，我很仰賴以下這些技巧來鼓勵自己多分享一點，增加自己在會議中的存在感：

●我會依據議程提早準備做功課，所以我知道有哪些有價值的想法可以提出。如果會議沒有公布議程，我會請召集人告訴我可能會討論到的議題。

●在每一場會議之前，我會跟自己約定一定要在會議中至少發表一個評論，而不是說一些簡單的回應像是「是的」或「這很有意思！」。

●與其等待插話的空檔（因爲我不想打斷別人），我會努力地在某個議題開放評論時就率先發言。

●然後我會蒐集一些讓我比較好開頭的句子，像是：

—「我有個建議……」

—「我稍微研究一下後發現……」

—「我之前是想說……」

●我也會用這幾句話幫助我順利插入別人的討論：

—「我很喜歡這個看法，還有……」

—「這讓我想到……」

—「依你所說的，我在想如果我們……」

另一個我使用的技巧幾乎是下意識的，我會複述另一個人後半的句子，然後在那之後加上我的想法。一開始這只是一個讓我可以自在發言的方式，但我的同事常會告訴我這麼做讓他們對自己的意見感到更有信心。只要雙方都能在溝通時感到更正面積極，絕對是雙贏。

表達內容的弱化和強化

當你表達自己的時候，要確保你的話充滿權威性和力量。就像之前所提到的，女性有時候會在無意識中掩蓋自己的想法和意見，因而淡化了內容的影響力。

有些特定習慣和句子會強化或弱化我們的表達內容。很多時候，我們都是下意識地這麼做，這可能是自學生時期就開始的掩蓋行為所導致。如果你不確定自己是否有這些習性，可以請一位可信賴的同事留意你在會議上的發言內容與表達方式，再請他給你誠實的反饋。接著，請承諾自己要減少那些會降低影響力的習慣。

■「抱歉，別再說抱歉了」

為了避免被說很難搞或無禮，女性最常做的一件事就是道歉——即使沒做錯任何事也是如此。你可能對這樣的現象再熟悉不過。你是否曾發現當別人撞到你的時候你會道歉？或是在餐廳上錯餐點，而你請服務生拿回去的時候一再道歉？《心理科學》（*Psychological Science*）期刊發表的一篇研究顯示女性確實比男性更常道歉[14]。遺憾的是若我們在職場上也這麼做，就可能導致我們看起來像是沒主見。

當我發現自己在工作時太常道歉，就決定要打破這個習慣。首先我在寄出的電子郵件中搜尋所有提及「對不起」（sorry）的信件內容，藉此了解在什麼時機、什麼情況下以及對誰，我會不自覺地道歉。我很快就發現自己會為各種事情道歉，像是讓對方等超過一天才回信（「哈囉約翰，抱歉我這麼久才回信……」）或是我無法在同事建議的時間開會（「我很抱歉那個時間我沒空，還是……」）。

讀著這些電子郵件，我明白了我總是在爲這些不重要的事道歉，因而不小心把自己置於弱者的境地。爲什麼我會向對方暗示我應該要馬上回電子郵件，或我應該要順著對方的行程來安排工作呢？原來我在不知不覺中，把自己變成了一個卑躬屈膝的人。從那一刻起，我開始在傳送出去之前再次檢查我的電子郵件，確保內容不會出現不必要的道歉。我也下載了一個很聰明的 Gmail 擴充程式叫「才不感到抱歉」（Just Not Sorry），這是谷歌網路瀏覽器（Google Chrome）的應用程式，會將你的電子郵件中辭不達意的句子標記出來。

這對我很有幫助，得以將我自動寫出的「對不起」替換成其他字。當我坐下來好好思考我每一個「抱歉」背後眞正想傳達的意思，我發現其實我眞正想要表達的是我對其他人花時間做事的感謝與讚賞，因此我開始用「謝謝你」來代替「抱歉」。這只是一個很簡單的調整，卻確實改變了一切，說「謝謝你」比「對不起」要來得強而有力，也比較符合我一開始眞正想要表達的。

如果你也會過度使用「抱歉」這個詞彙，請想一想你眞正想要表達的是什麼。試著找出能夠更強烈或更貼近你內心話的另一個詞彙或句子。別忘了，如果你沒做錯任何事，根本不需要道歉。

但「對不起」不是唯一會弱化女性說話內容的詞彙。《女生上位》（*Girl on the Top*）一書的作者妮可．威廉斯（Nicole Williams）列出了以下幾個會弱化談話內容且常被女性用來表示合群的詞彙或行爲，請開始注意自己是否會這麼做。前兩個你可以瀏覽電子郵件以確保你沒有將其寫在信中，其他部分可以請一位同事擔任你「可靠的戰友」，每當你在不必要的時候道歉或不小心弱化談話內容時就給你打暗號。隨著你漸漸察覺到這個問題，就能更有自信且清楚地表達自我。

▣常見的弱化字眼

- 在表達意見的時候說：「我想的可能是錯的，但是……」，一旦用這樣的句子當開場白，你其實在還沒說出自身想法的時候就先貶低自己了。
- 無法大方認同自己的想法，會說「我覺得」而不是「我知道」。
- 用疑問句來表達肯定句，且在句尾提高聲調。這個現象也稱爲「句尾揚聲」（upspeak），是女性最常讓自己顯得被動而非堅定主動的原因之一。
- 在講話時聳肩或低下頭。這種肢體語言會讓我們看起來缺乏自信和能力。

●講到後面越講越小聲，傳遞出無法認同自身言論的訊息。

當然，女性一開始會用上述這些詞彙或行爲弱化談話內容的主要原因之一，是我們害怕如果強烈地表達意見，會被視爲過度具有侵略性。但事實上你不需要在保持安靜和言詞刻薄之間做選擇。你可以清楚且堅定地表達自己，也仍被認爲是發自內心和善的人。

爲了找到對的平衡點，讓我們來檢視一下需要表達自我的場合，然後檢驗以下三個選項，用更有效的方式來處理。假設你正在開小組會議，討論需要做出明確建議的某個情況。大家討論得很熱烈，你一來我一往，但沒有人表明立場。你覺得你有個好點子，知道該如何進行。下列有三種方式，你可以選擇一種來表達想法：

1. 太弱：「我不確定大家覺得怎麼樣，但我在想……」這會顯得你對於自己的建議也不是很有信心，且太著重於感覺而非事實。

2. 太突兀：「我想到了，我們應該這麼做。」這樣太過自我中心，且不讓其他人分享這場腦力激盪的功勞。

3. 恰到好處：「聽到大家的想法讓我更加清晰，我認爲接下來要繼續前進的話，我們應該這麼做。」這樣就可以在提及他人貢獻與自信地表達意見兩者間取得平衡。就像金髮姑娘

（Goldilocks）[1*]所說的，這樣剛剛好。別忘了，要達到平衡需要多練習，重點是你要讓自己的聲音被聽見，隨著時間過去就會越來越容易。

和善地表達不贊同

表達自己和說出自己的意見，表示你無可避免地會在某些時候不認同其他人。該怎麼表達才不會覺得你想挑起爭端或疏遠他人呢？這樣的緊繃氣氛是讓我剛出社會時很難表達自我的原因。由於我總是被教導要有禮貌且尊重他人，因此說出「不同意」本身就與我所受的教育相違背。我從沒想過要說出跟對方相反的意見，而且公然不同意對方的意見很不禮貌，不是嗎？所以當我在工作上與人意見相左時，我會保持安靜，尤其是如果對方比我還資深的話。

在安永會計師事務所被主管鼓勵說出反對意見時，我剛開始還會推託閃躲，直到我任職於可口可樂之後才完全調整過來，那裡的主管說：「我期待有人會公然找我辯論，質疑我或反對我，因爲我相信這個方式才能創造出最棒的產品和事業。」

這個概念對我來說很陌生，但這正是他所要求的，當然我也希望符合期待，所以我必須得積極且有意識地改變我的觀念，我開始會在公開場合與他辯論。實際上我還是覺得不太對，但我漸漸也開始學會如何抱持著同理心，設身處地從對方的角度來看待事情，進而表達相反的意見。

我發現如果你想一想你正在對話的對象以及他或她所關心的是什麼，就會更容易表達自己的觀點，而不會在不經意間惹毛對方。這讓你有機會被聽見，即便你表達的是完全相反的觀點。這個方法讓我得以好好地表達自己的意見，也幫我找到和善與堅定之間的平衡。以下就是我的小訣竅：

▣ 善用問句的力量

當我不同意某人的時候，我的第一步就是拋出許多問題，試圖了解對方思考邏輯中的癥結

譯注1* 金髮姑娘（Goldilocks）出自英國的童話故事《三隻小熊》，描述的是一個金髮小女孩進山採蘑菇，卻不小心闖進了熊屋，金髮姑娘在偷吃過三碗粥、偷坐過三把椅子、偷躺過三張床後，覺得不太冷也不太熱的粥最好、不太大也不太小的床和椅子最舒適，因而衍生出金髮姑娘所說的「剛剛好、恰到好處」的概念。

點。當你深入了解對方與你的歧見究竟何在，你會發現自己開始理解對方的觀點所爲何來，或者對方也可能因此而觀察到自己邏輯或決策流程中的謬誤。

就算你在聽完對方的回答後仍無法認同，提出問題是溝通很重要的一部分，尤其是當你和對方出現歧見時。這表示你很周到，也希望可以藉此影響對方的思維。詢問問題也常幫助我更堅定自己的信念。以下就是我在發生歧見時常用的問句：

- 「可以請你告訴我你是怎麼做出這個結論的嗎？」
- 「你獲取數據點的來源是什麼？」
- 「是什麼引導你得出這個假設？」

▣獲取外部觀點

另一個我推薦的方法就是跟其他人聊聊，且這個人必須十分了解我想溝通的對象在想什麼。我記得我輔導過一位名爲蕾拉（Layla）的女性，她剛開始在一間開發活動管理軟體公司擔任行銷總監。上任幾週後，對於哪些事情該由行銷來負責，哪些是業務的工作，她發現自己和業務總監卡洛斯（Carlos）無法達成共識。蕾拉知道她必須直接跟卡洛斯討論這件事，不然就會感覺她似乎隨便都好。但她也很怕開啟這樣的對話，不希望剛到公司不久就惹毛同事。

我建議她在去找卡洛斯之前，可以先跟一兩位曾在卡洛斯身邊工作過的同事聊聊，藉由了解公司歷史的方式來深入探索卡洛斯的觀點。這並不是背地裡講卡洛斯的壞話，而是在獲取更深入的完整背景資料後，才能讓蕾拉完全了解卡洛斯的想法從何而來。

你可能會好奇爲什麼我不建議蕾拉直接去找卡洛斯就好了。首先，蕾拉已經知道卡洛斯是怎麼想的，她不知道的是**為什麼**他會這麼想。有時候人們很難客觀地說出其觀點是如何形成的。從跟卡洛斯共事過的同事口中，蕾拉獲得了珍貴的資訊，得以精確且客觀地了解他的思維邏輯。她也了解了故事的來龍去脈，這在準備提出反駁論點的時候至關重要。

當我們進到一個全新的環境，很容易會因新官上任三把火而立即開始做出改變。有時候一些組織的確需要新血來幫助他們看出哪裡需要改進。但於此同時，尊重公司的歷史與文化也是很重要的。公司內部比你待得還久的人們已習慣公司的方式，面對任何劇烈改變可能都會採取防衛機制。你可以用本身的和善推動這些必要的改變，但一開始應該先了解公司在過往是如何處理這些事務的，還有更重要的是，爲什麼這麼做。

舉例來說，我告訴蕾拉要了解當初行銷和業務部門是如何創建的，可以請執行長解釋這兩個部門從公司創立至今的演變。她得知原來卡洛斯剛開始在這間公司工作時，當時的規模很小，所以他一個人負責業務和行銷部門。當公司開始成長，他們便聘僱了一名行銷人才，卡洛斯則把他最不喜歡的責任交出來，並繼續做其他剩下的事情。

從蕾拉的角度來看，這樣的部門切割方式不太有效率，但即使她的觀察是正確的，她還是需要記著卡洛斯曾經從無到有一手創建這兩個部門，因此會很想繼續保有過往的形式。我告訴蕾拉，她有權利挺身而出並做些改變，但知道公司的歷史可以幫助她用更爲和善且富同理心的方式執行，而不會令卡洛斯震驚或不悅。

▣從對方的角度開始……………

當那場關鍵對話的時刻來臨，我建議蕾拉一開始可以清楚地表明她有花時間從卡洛斯的角度來看公司。她可以這麼說：「我理解你這一切從何而來。如果我有什麼地方搞錯，也請你不吝糾正我。」這麼做可以讓蕾拉在分享她的意見之前，表示她也很敬重並在乎卡洛斯的想法。

一旦卡洛斯看到蕾拉能從他的角度感同身受，而不會硬是做出巨大的改變逼他接受，卡洛斯就放鬆了一點，這時蕾拉繼續說：「我了解爲什麼你過去會這樣設立這兩個部門，我也很佩服你竟然能夠一人監督兩個部門這麼久。現在既然我加入了團隊，我可以幫忙分擔一些責任。我們可以討論如何在結構上做一些調整嗎？」蕾拉成功地讓卡洛斯放心，也把自己放到一個很好的位置，確保卡洛斯聽進自己的建議，接著再開始執行她認為會對公司有利的改變。

五種插入不同看法的好方式

在我理解他人觀點、前因後果與過往歷史之後，我會用下列句子來表達我反對的意見：

- 「我完全尊重你之所以會這麼想的原因，而……」
- 「這點的確如此，而且……」（說「而且」比「但是」要來得圓融多了。）
- 「讓我們一起想想看；再跟我多說一點關於……」
- 「聽起來我們雙方都希望……」
- 「讓我跟你分享……」（這麼說比「讓我告訴你……」還要更有合作的意思。）

對不當的事情表達己見

如同大部分女性，一路走來我也曾在職場上聽過一些男性對我說出性別歧視或無禮的評語。這些情況會比較難對付，因爲當你毫無預警地遭受令你極度不舒服的言語攻擊，此時還要發自內心地表達自我是極具挑戰性的。

當我三十歲出頭的時候，有一天正跟公司的高層開會。我們聚在一間會議室內，爲了明天的截止期限而熬夜加班。大家討論的重點在於網站重新設計應包含哪些新功能，特別是首頁的主照片尺寸大小，接著討論內容轉移到要刊登哪類型的照片才能引起最大的迴響。

這時有位資深執行高層突然天外飛來一筆：「不然就刊登法蘭那天穿著短裙的照片好了。相信會有很多人按讚。」頓時之間大家鴉雀無聲，氣氛十分尷尬。我僵了一秒後說：「我可以借一步說話嗎？」

我們來到走廊上，我正色跟他說道：「如果你希望我拿出最好的表現，這絕對不是驅動我的方式。」從他臉上的表情我看得出他很驚恐，他也馬上向我道歉。他解釋道因爲很晚了，他只是試著讓大家輕鬆一點，而且明天就是截止期限了。或許這當中有些實話，但這根本無關緊要。我告訴他，不管他的初衷是什麼，說出那樣的話就是完全令人無法接受。

他深切地道歉，而他接下來所做的事讓我很驚訝。當我們回到會議室後，他對整個團隊道歉，他說他試圖讓氣氛更輕鬆，但他說了非常不恰當的話，而他很尊敬我與我的工作表現。

這對我來說是很重要的一刻，因爲我也爲會議室內的其他女性立下一個典範。在當下我因爲熬夜加班而身心俱疲，因此沒有想太多就直接反應，而當時的直覺反應其實幫了我一個大忙。事後我仔細回想，如果當時我直接在大家面前說出這些話，他的反應或許不會如此正面。但我不需要這麼做。當我請他到外面講話的時候，每個人都知道我正在爲自己挺身而出。另外，將我的反應與我的表現做聯結也是關鍵，因爲這讓我在討論如此尷尬且私人的話題時能保持客觀。像這樣突如其來且令人不悅的評論的確會發生，但我必須說，從此以後我再也不曾從這位執行高層那裡聽過任何不恰當的評語了。如果有的話，我一定會去找人資。若你遇到像這樣的情況，可以馬上找人資處理。但我發現，當下馬上處理再私底下找對方說，並直接聯結到我的工作表現則更有效。

我親愛的朋友阿朵拉．烏朵齊（Adaora Udoji）是一位媒體高層、製作人和投資者，她跟我分享了初入職場時爲自己發聲的故事。她還在法學院唸書時，曾跟一位副首席顧問面試。阿朵拉走進辦公室後，即將面試她的男士看到她是一名年輕的非白人女性就對她說：「妳看起來一點都不像個稅務律師。」

阿朵拉聽到後心一沉，她眞的很想得到這份工作且事前也花了很多時間準備，這似乎太不公平了。但她還能做什麼呢？她知道以自己的資歷應徵這份工作絕對沒問題，但她該如何回應，才能在不惹惱對方的情況下讓他知道這樣的評語很過分？她頓了頓，冷靜地回道：「我想稅務律師可能會是各種身材和膚色。」

接下來阿朵拉試著全然地投入他們的對話，面試她的男士馬上就發現她言之有物，而她也對彼此的交談感到愉快，可惜最後她並沒有應徵上那份工作。阿朵拉告訴我這個經驗令她很難過，也傷她很深，但她沒有因此被打敗。事實上，她默默地希望下一次有非白人女性走進他的辦公室時，這位男士不會再做出同樣的假設。阿朵拉的回應方式，以及她渴望爲在她身後的其他女性增加機會都大大地鼓舞了我。我也希望如果你遇到類似的事，能夠鼓起勇氣挺身而出，並鼓勵公司內部其他女性也這麼做。

「人很好」的女孩 vs. 霸凌者

我第一次在職場上得面對面處理霸凌問題，是在美國線上公司併購 Moviefone 不久後，當時我三十歲出頭。我們位於紐約市，而我的主管請我與位在西岸的萊恩（Ryan）一起合作一項專案。沒多久我就發現萊恩是個麻煩，他很刻薄，會大吼大叫，也會在會議中不停打斷我，而且所有事情都要瘋狂遙控我，更糟的是他完全沒產能。他也常會誇下海口，例如說他可以幫忙牽線讓某位大咖演員來上我們製作的節目，但他從來沒做到。

我個人與萊恩合作的策略就是把焦點放在讓工作順利完成。雖然與同事之間的關係對我來說一直都很重要，但我知道若與萊恩有個人往來可能會影響產能，因此我努力做眞實的自己，同時也跟他保持距離以隔離他那些負面影響。

但好景不常，這樣的方式開始不管用了。最後一根稻草是某個週日他打電話到我家，對我咆哮爲什麼某位大咖演員沒有被找來上節目（即使這明明是他在這節目唯一負責的事）。大約有十分鐘左右的時間他不讓我說一句話，不斷地數落我有多失敗。

最後他停下來喘口氣，我則抓住機會回應，很直接地告訴他：「萊恩，我很困惑，我以爲名人那邊是你負責搞定的。但這也無妨，現在節目沒有他也沒關係，我們討論這個只是在浪費時間，因爲一切爲時已晚，我們兩天後就要播出了。」他又繼續咆哮，我說道：「你用這種方式跟我講話，我不想聽。」我掛上電話並在那一刻決定我不會再與他共事。

隔天早上我去找主管並跟他解釋整個情況。我特別確認自己所說的都是已發生的事實（不只前一晚的事，也包括之前的事件）而不是基於我的感受。最後我說道：「我已經盡力試過了，但我再也無法跟萊恩共事了。我想如果你能將他調離這個節目是最好的。他不僅霸凌別人，還很沒效率。」

我的主管試圖說服我再給他一次機會。「我沒辦法。」我說道：「他的行爲是一種虐待。我不會忍受他這麼做，而且我也不希望我的團隊得接受這樣的對待。」我以冷靜但堅定的口氣說完這段話，也很高興自己在昨天的對話過後有花點時間冷靜下來。最後主管同意了我的提議，萊恩離開了這個節目。

在那之後的幾年裡，我反覆思考過我與萊恩的這段經驗，也在職場中看到許多不同形式的霸凌，不只是咆哮或充滿攻擊性的言語，也包括在別人背後說壞話、破壞他人的工作努力、散播負面謠言等。遇到這種情況特別艱難，尤其對「人很好」且珍視同事情誼的女性來說更是極大的挑戰，很容易會把霸凌者的行爲視爲針對自己。

這些年來，我已學會分辨其他人惡劣的行爲完全與我無關，並將自己從中抽離，因爲我知道自己無力改變對方。我唯一能做的就是更有意識地行動，面臨這種情況時，我發現採取以下一個或多個行動相當有幫助：

▣ 設立情緒界線

如果你清楚地告訴自己這個人是霸凌者，並下定決心不讓他影響你，那麼無論如何都要堅持到底。但這麼做的同時，請確保有人站在你這邊支持你，並透過設立情緒界線保護自己。別涉入戲劇性的事件，也千萬不要讓自己受累於其他人惡劣的行爲。在這種情況下要保持眞實的自我需要高度的自信與自我認知，通常，「人很好」的女性會在心中忍不住質疑是否是自己的問題。當霸凌者發現你有這樣的質疑，他或她就非常可能會利用這點撲上來。

若你發現自己陷入這樣的情況，請在職場上尋求盟友提醒自己，這些行爲與你完全無關。接著，當你發現情況開始重演時，請直接說出來（「噢，又來了。」），提醒自己他或她才是有問題的那一位，**不是你**。這是一個簡單但很有效的方式，可以將自己與這個人的毒害切割開來。

我的朋友傑克（Jack）就曾在工作中遇過這樣的情況。有一位客戶，不管傑克多麼努力要與他締造良好的關係，他仍持續用無禮且辱罵的方式說話。傑克對於自己總是能跟客戶締結良好關係而引以爲傲，因此他也無可避免地怪罪自己。但當他終於忍不住向客戶的主管解釋道：「我似乎無法跟他保持良好的關係，我想我可能不適合跟他合作。」那位主管回答他：「已經有五個人來跟我說過同樣的問題了。不是你的錯。」

這個事實很重要，因此千萬要記住，尤其是如果你「人很好」，且對於自己總是能跟人相處融洽而引以爲傲的話，更要記住：**這不是你的錯**。

▣直接說出來

這是我面對萊恩的方式，如果你在公司的形象不錯且有人願意支持你的話，這會是個強而有力的選項。直接與霸凌者面對面需要很大的勇氣，但通常這麼做也很值得。因爲你不但有機會迫使這個人改善其行爲，同時也能進一步營造一個較爲友善且健康的工作環境。

很重要的是，請注意我並沒有在第一次發生事情的時候，就把萊恩對我不禮貌的行爲向上呈報。即使是好人也會犯錯，這並不代表他們自動就變成了霸凌者。如果有人做出一個不適當的評語（就像說要放我穿短裙照片的那位高層），我建議直接說出來然後繼續前進。但如果這樣的行爲持續發生，就該是時候思考這是否構成霸凌了。

一個不是那麼和善的人跟霸凌者之間，通常只有一線之隔。有些人對於在職場上締結良好關係並不感興趣，他們只想專注於把工作做好，所以他們表現得嚴苛冷漠，而非溫暖愉悅。這樣並非很理想，但也不表示他就是霸凌者。對我來說，霸凌的定義是有人持續做出人身攻擊，或說出不恰當且降格、貶低、羞辱、具攻擊性或性騷擾的言語。

如果你眞的被霸凌了，盡可能蒐集各種證據（電子郵件等），然後去向人資報告此事，如果你跟對方的主管關係良好，亦可前去冷靜地解釋這個情況。爲確保這是一個專業上的討論而非打小報告，請將焦點放在發生的事實以及對方的行爲如何影響你的工作表現，而非這樣的行爲讓你有什麼感受。我也建議這樣的對話開頭應該跟任何困難的討論一開始一樣，可以直接說「接下來我要講的話其實很難開口」或「這件事是我一直以來很掙扎的」。

▣繼續前進

很遺憾的事實是，許多霸凌者由於已在那個職場環境深耕多時，一時半刻也不會去哪裡。有時候甚至你的主管就是霸凌者。如果你去找過人資部門而情況沒有改善，或是你察覺霸凌者被保護，且在公司內部擁有相當的政治權力，那麼你最好開始找下一份工作。最終，你得依據自己與對方相處的頻率，以及對你和你的工作會有多大的影響，來衡量這當中的利弊得失。

這就是爲什麼你需要專注於發展人際網絡（詳見第七章），這樣你才不會因爲陷入某個惡劣情況而無處可去。當你將人際網絡視爲你的第一優先事項，即可發展出一個巨大的安全網，裡面有許多人可以幫助你覓得環境健康的工作。要即早建立網絡以備不時之需！

如果你因爲這個理由而離職，我建議在離職前與人資約談時可以說明原委。告訴他們：「我會接受其他職缺的其中一個原因，就是因爲這個工作環境並不是很健康。」希望公司在不想流失更多人才的情況下，最終開始正視處理這個問題。

Achieving a Career You Love

面對霸凌者的時候，我會用這些話來對付：

- 「請不要用這種方式跟我講話。」
- 「讓我們試著做出更有建設性的談話。」
- 「我們先休息一下之後再繼續討論。」

散播女性特質：提昇你的非言語溝通力

有時候不只是我們說出的言語內容本身，而是我們如何向他人透露出我們的堅強或軟弱。美國加州大學洛杉磯分校（UCLA）的心理學教授阿伯特．梅拉比恩（Albert Mehrabian）是研究溝通的權威，他的理論是個人言談之間的可信度，有五十八％來自於整體的肢體語言，三十五％來自語調，只有七％才是來自內容[15]。這相當震撼，不是嗎？當我得知這件事時，就像在我心底敲響了一記警鐘。我開始不再只關注於我的溝通內容，也關注我溝通的方式與說話時所用的肢體語言。

這需要花點時間坦誠地檢視自己，以決定哪些部分可以再進步。你是否無精打采、避免眼神交流或講話太小聲？我們許多人都會在大聲說話時有肢體語言或語調上的問題，這又回到「掩蓋」的老問題。**許多女性自小就無意識地訓練自己不要在群眾中太過顯眼**。這也包括我們講話的方式、站姿、坐姿，甚至是我們所占用的空間。

最近媒體一直在討論的就是無論實際的身材尺寸大小，男性所占的物理空間遠大於女性。男性在進入一個空間時會下意識地宣示其權力與區域主權，而女性則會縮小其存在感，通常來自我們童年時所接收到的訊息，要縮小自己把空間讓給他人。

很不幸地，這是這個社會加諸在女孩與年輕女性身上的枷鎖。《直至今日》（*To this day*）女性主義作家索拉雅・L・奇瑪立（Soraya L. Chemaly）在一個網站「角色重設」（Role Reboot）上這麼寫道：「每當我坐下（在椅子、公車、火車或書桌前）就能聽見小學女校長的聲音，她說淑女絕不會把腳翹到膝蓋上。光是想到坐下來的時候，雙手張開來靠在椅背，例如公園的長椅上，就讓我覺得很滑稽，這個動作對我來說很怪。通常在公共空間我會把自己折縮起來，習慣性地給別人更多空間。（我們的童年教育其實在無意識中）對女孩子說要抹去自己、不需要實質展現、擁抱脆弱⋯⋯**盡可能地縮小自己**，我們就會更愛妳。而對男孩子我們則會說，**多占點空間**，多一點對你是好的，也是你需要的。盡可能越強大越好。」

史丹佛大學商學研究所（Stanford University Graduate School of Business）最近有個有趣的研究指出[16]，女性領導者如何藉由肢體語言在職場上展現權威，而不會令人感到太霸道或具侵略性。由於非言語的行爲影響的大多是潛意識層面，**因此相較於用言語表現的強勢，人們反而不覺得在工作中使用強勢肢體語言的女性很苛刻。**

我的朋友珍・韓森（Jane Hanson）是一名溝通專家，她擔任新聞主播多年，將這樣的行爲稱作「女性特質的散播」（woman spreading）。她知道當女性占領更多空間，就會被視爲天生的領導者，她鼓勵女性要站得直挺挺、雙腿不要交疊而坐，而且可以把手臂跨在同事的椅背上。

千萬別猶豫在工作場合中占據更多空間。一旦你在物理空間中展現自信，人們便會把你視爲天生的領導者。如果你過去已習慣遮掩你的肢體語言，這對你來說可能會相當怪異。但只要多練習，就會開始變得越來越自然。

不久前我參加了一場董事會會議，其中一位董事會成員（一位天生嗓門就很大的男性）一直喋喋不休且提出很多意見。我的聲音沒這麼大聲，如果要被聽見一定得嘶吼，但我不想這麼做，所以我決定站起來走到椅子後面再說話。這個舉動像魔法般奏效了，他停止說話，專心地聽我說什麼。當珍跟我說「女性特質的散播」時，我發現其實這就是我之前所做的，而且效果很好。

Achieving a Career You Love

「人很好」的女性總是被打斷

如果你身為女性，可能會對在職場上發言被打斷的感覺十分熟悉。這不但令人氣憤且非常不道德，但發生在我身上的次數已經多到數不清了。二〇一七年《紐約時報》（New York Times）有一篇報導指出「在據理力爭時被打斷、搶話、禁聲或被懲罰，幾乎是每位女性位居少數時所遭遇的共同經歷。」[17]

我相信這對你來說一定不是新聞了，所以問題在於，你還能做什麼？我發現專注於非言語的溝通能幫助我在職場上不那麼常被打斷。當我坐得挺直，或甚至迫使自己起身站立以獲取更多物理空間，跟談話的對象保持眼神交流，熱衷投入並保持參與度等，就會減少被打斷或干擾的次數。當然我偶爾還是會遇到這樣的情況，發生時我會和善且堅定地說：「不好意思，我還沒說完。」

別讓自己被打斷。占據足夠的空間，迫使周遭的人必須尊重你的存在。如果在這樣的情況下仍被打斷，可以用之前練習過的話來應對，這樣就能隨時準備好替自己據理力爭。

FOCUS
重點回顧

- 在會議中若沒能表達想法可能會讓你在職場上無法前進，請與自己約定每一場參與的會議都要提出一個想法或意見。
- 注意那些會削弱表達的詞彙或行爲。重新檢視寄出的電子郵件，以確保你不會無故地說「抱歉」而弱化了你的溝通。
- 當你不贊同某位同仁的時候，在直接且清晰地表達你的意見之前，請用你發自內心的同理心，試著從對方的角度來看待這個問題。
- 別忘了非言語的溝通十分重要。注意你的姿勢、眼神交流與所占據的物理空間。
- 開會時留意一下是否有安靜的女性，和善地鼓勵她們也多多發言。

CHAPTER

4

直接且友善地
給予反饋

我二十七歲時第一次擔任管理職，成爲可口可樂的內部控管經理。身爲新上任的經理，這個職位的某些面向對我而言可謂渾然天成。我甫上任就很上手的其中一個面向，便是擔任團隊的心靈導師和教練，我也欣然接受這項任務。我確保團隊成員知道他們遇到問題時可以來找我，我會提供相關建議並給予支持。

也因爲這樣，我的團隊成員知道我是眞心關心他們本身以及他們的職涯，而看到他們在各自的崗位上都很快樂，讓身爲主管的我相當有成就感。一切都很光明且相當美好，直到我需要承擔另一個主管職所要負的責任——給予負面反饋意見。

這對我來說是個很大的轉變，我對於要給出嚴厲反饋感到很掙扎，其中有幾個原因。首先最重要的是，身爲一位深深推崇良善特質的人，我對團隊成員深感同情。我知道聽到負面批評對他們來說會有多難接受，當我設身處地去思考後，就無法讓他們歷經這樣的感受。第二，負面的語調對我來說就是很不自然。我可以扮演好警察的角色，但強硬的作風卻會讓我覺得不舒服，彷彿像是刻意的角色扮演一樣。於此同時，我也知道自己不可能一直只當好人，因爲會被視爲沒有主見。坦白說，我很擔心如果我給予團隊成員直接的反饋，會顯得過於嚴厲或太刻薄。

在如此相互衝突的因素累積下，每當需要給予誠實反饋，我就會採取「人很好」的女性會做的事——設法完全避免這些衝突！你在第二章所讀到的故事，關於我熬夜重做團隊成員的簡報，導致最後結果很糟，便是個最佳例子。我就是沒辦法用清楚且直接的方式給予他們回饋，而我們也都知道，逃避的後果反而更糟。然而不久後，我被迫得找到方法面對。綺拉（Kira）是團隊中的財務分析師，而她有些地方需要改正。她在做財務報告時非常有效率，她所做出來的試算表、圖表和表單均能充分反映公司的財務狀況，我很信賴她。這部分很棒，但她卻有兩個問題。首先，綺拉繳交報告從未準時過。第二，隨財務報告附上的解釋文字通常寫得很糟糕，充滿錯誤的文法，且無法清楚表達我需要的財務總體概況。

好幾個月以來，我都設法避免直接跟綺拉說出我的反饋。我會重寫她所繳交的報告，而當綺拉在最後一秒才把數字交給我的時候，我就會熬夜檢查做確認，才有辦法如期呈交給我的主管。然而，我知道這不是長久之計。如果我繼續保持沈默，那麼下一季還是會一樣，接著後面每一季都會是如此。更糟的是，如果其他組員知道他們可以繳交如此品質的報告，因爲到頭來我都會重寫，那就會影響我身爲他們主管的權威性，這樣我就眞的變成一個討好他人的人了！我無法讓這樣的事情發生，我必須告訴綺拉眞實且有建設性的反饋意見，但我不知道該如何以忠於自己的方式表達。

我爲此去找我的主管，向他解釋我所陷入的困境。他跟我說，我幫綺拉收爛攤的行爲，其實是在害她，這比直接告訴她表現不佳還糟糕。他督促我與綺拉面對面處理這個問題，同時他也表示或許綺拉會一直遲交報告的原因是她卡在文字的撰寫。他建議我可以從遲交的問題開始和綺拉溝通，也許撰寫文字的困難就會隨著我們的討論自然地浮出檯面。

這個建議猶如醍醐灌頂，我回想起自己職涯中獲得主管反饋意見的時候，各別不同的方式給我怎麼樣的感受。其中有兩個不同的經驗馬上就浮現在我的腦海中，兩位都是在安永會計師事務所的主管。一位在我的績效評估討論中一開口便直接切入負面評語，讓我相當震驚且難以消化。然而，她在點出什麼需要改變這方面卻很清楚明確，也舉了幾個例子，結束後我有點洩氣，但卻很清楚我哪裡需要再加把勁。

相反的，另一位主管在做績效評估時，一開始便說她有多麼看好我。會議中她問了我一些問題，不疾不徐地進行著，我們的討論感覺更像在聊天。然而，結束後我卻沒有感覺到她有特別指出我哪些部分需要改進，整個過程相當愉悅，但卻不夠有建設性。

我仔細思考，赫然發現我其實可以結合這兩種方式，將第一位主管的直截了當與第二位主管的真摯和善做結合。如果我給予綺拉的反饋是和善且直接的，那麼對我來說依舊很自然，也能讓綺拉在不覺得努力被抹煞掉的情況下有所改進。這一切的關鍵在於用同理且支持的方式提供反饋，所表達的是有助益的建議而非苛刻的批評。這個新的思考模式讓我得以在提供反饋意見的同時，也運用到本身的同理心和憐憫之心，對我來說是發自內心的真誠表現。

我對這個新方法充滿信心，也讓我更容易面對之前逃避多時的對談。與綺拉談話時，我一開始先從正面的地方切入，也就是她在數字方面處理得很好，我很自然地誇獎她，因爲事實的確如此。接著我就提到遲交的問題，我跟她說我想要幫她，因此我想了解她總是遲交的原因，但同時我也讓她知道她的遲交會成爲整個團隊的負擔。

當我一提起此事時，令人意外地，綺拉似乎鬆了一口氣。我和善的反饋爲她起了個頭，讓她坦承自己並不喜歡撰寫文字的部分，她告訴我其實她總是很早就將數字準備好，但卻花很多時間在撰寫注解。我們談到她是否想要繼續努力提昇書寫能力，還是想換到單純提供量化數據的職位，這麼一來便可以將她在公司的價值最大化。

這次面談讓綺拉和我都放下了心中的大石頭，也完全改變了我對於給予直接反饋意見的想法。現在的我認爲反饋意見就像是送給對方的禮物一樣，這也是身爲主管的我送給自己的禮物。如果我沒跟綺拉聊這件事，我可能接下來好幾個月都在重做她的報告，而且她完全不知道。我們能夠有這場對話眞是太棒了，最重要的是，得知負面反饋意見也能用富同理心的眞誠方式傳達，讓我得以善用自內心散發出的和善特質，對我的團隊和我本身而言都是莫大的收穫。

最近 Her Campus Media 的共同創辦人史戴芬妮．卡普蘭．盧易斯（Stephanie Kaplan Lewis）和我分享了一個故事，關於她如何用和善的方式給予負面的反饋意見。她得對一位她很喜歡，彼此很熟但工作表現卻不佳的員工做出非常嚴厲的績效評估。史戴芬妮確保自己給予的負面評語都有附上具體例子，讓這些批評不會顯得太過針對個人或毫無根據。她也確保自己有提到對方在工作上做得不錯的地方，以及她所看見的強項。因此即使這份評估很嚴厲，所傳遞的整體訊息卻是史戴芬妮對這位員工改善的能力很有信心，也很願意協助她，以確保下一次績效評估的結果會有所不同。

這位員工的回應相當正面，也非常有動力做出改變。單單四個月後，她的進步相當大，很快就回到正軌並獲得升遷，工作表現並沒有因爲之前很差的評價而從此自暴自棄。像這樣的故事激勵著我，每當我要給予富建設性和具體反饋的禮物時，都會繼續努力在眞摯和善與直截了當之間取得平衡。

大腦對於反饋意見的反應

即使你尚未擔任管理職或無法想像何時會成爲主管，思考如何表達你的反饋意見仍是很重要的。這說明了很多女性在職場上都會面臨到更大的掙扎，也就是得在溫柔與強硬之間找到平衡。你應該可以想像，我並不是唯一一個對於給予建設性評價感到困擾的女性。然而，這卻是我們必須要學習如何處理的課題，就如同 One Girl Cookies 創辦人朵恩．卡賽爾（Dawn Casale）所言：「如果我必須要有場困難的對談卻避而遠之，那麼我所傳遞的訊息即是『可以不把我當一回事。』」

以下是我調查女性們對於給予負面反饋意見的看法：

- 「我常會不斷修正我想說的話，以確保我不會因爲想幫助小組成員表現得更好時，被對方當成刻薄或愛批評的人。這點讓我很困擾，因爲男性主管似乎不需要有這層顧慮。」
- 「如果不給出嚴厲的反饋，我擔心會被視爲沒主見，所以我總是很努力地像我的男性主管們那樣，不帶情緒也不加修飾地直接說出口。」
- 「我不是主管，但我給予身邊同事反饋時仍舊很痛苦。我就是不知道該怎麼做。」

她們的話讓我不禁思考，爲什麼我曾共事過的許多女性主管跟男性比起來，似乎對於給予反饋感到更加掙扎？當然，有個顯而易見的原因是女性擔心若沒有經過言語修飾，會被視爲過度苛刻或機車。但研究指出了一個附加原因，這其實跟男性與女性的大腦運作有關。

有一個新興的研究領域是探討男性與女性大腦運轉方式的不同。美國賓州大學（University of Pennsylvania）於二〇一六年發表過一份報告[18]，研究兩千名健康的人的大腦聯接情況。他們發現，一般來說女性大腦在海馬迴（hippocampus）和左尾狀核（left caudate）有更多的灰質（grey matter），前者負責形成記憶，後者則是控制社會認知。該研究的結論是，這種灰質的分配是女性普遍傾向於更直觀地了解他人的感受並知道如何應對的原因。

關於此領域的研究仍具有爭議性，因爲有人擔心這樣的研究可能會被用來加深刻板印象。同時也請明白並不是所有女性都有所謂的「女性大腦」，也不是所有男性都有典型的「男性大腦」，但我相信這份研究可以幫助我們學習如何讓與生俱來的能力發揮到極限。讀了這份研究後，我終於理解爲什麼當時面對綺拉會這麼煎熬，因爲我直觀地感受到綺拉在聽完我的負面反饋後可能出現的感受。然而，當我改變了之前認爲給她批評會帶來痛苦的想法，轉而將其視爲一種支持她的方式，我自內心散發出的同理心就轉而成爲一種正向能量，因爲我知道如何應對以減輕她的痛苦。

透過與綺拉的對談，我學到若能好好運用和善給予富同理心的反饋，這樣的談話內容就會讓參與的每個人都更加愉快。除此之外，科學上也證實這種方法會更有效。如同這份報告簡要提及（但十分有趣）的神經學理論，這種反應其實來自人類大腦的運作模式。

和所有動物一樣，人類大腦有著稱作杏仁核（amygdala）的區塊。它有點像是睡覺時張開著一隻眼睛守門的狗，對任何潛在的威脅會有所警覺。如果你的杏仁核察覺到威脅，身體就會產生戰鬥或逃跑反應（fight-or-flight response），也會刺激一系列的賀爾蒙反射動作，讓你變得憤怒（戰鬥）或想逃跑（躲避），或是關機，就像是鹿被車燈照到時的反應（靜止不動）。

杏仁核的目的是爲了在遭遇人身攻擊時保護我們，例如像過馬路時被車撞到這樣的威脅。當你看到一輛車快速衝向你時，你的杏仁核會將大腦的運作從負責分析的前額葉皮層（prefrontal cortex）接手過去主導。這可以促使你跳過思考這個步驟，本能地跑起來。這是好事，畢竟面對迫在眉睫的危險時，我們可不希望還站在路上思考：「究竟要不要跑呢？讓我花點時間分析其利與弊……。」

然而可惜的是，杏仁核無法清楚地辨別哪些是眞的威脅，哪些是想像的。戰鬥或逃跑反應在各種非關性命安危的威脅情況下也會被啟動。這就是爲什麼我們常會在一時衝動下做出事後後悔的評論（戰鬥），不想處理棘手的情況（躲避），或是會忽然恍神，這有時意味著我們可能會記不得說過什麼話（靜止不動）。

根據 NeuroLeadership 創辦人大衛．洛克（David Rock）所表示[19]，有五種類型的社會威脅可能會觸發這類的反應，在職場上不難想像下列情況的發生：

- 狀態：對你在群體中的聲譽構成威脅
- 確定性：當你以爲你可以仰賴的能力受到威脅
- 自治：按自己方式行事的能力受到威脅
- 相關性：你自己覺得是朋友而非敵人的感覺受到威脅
- 公平：當公平競爭的感覺受到威脅

根據洛克的說法，績效評估通常會誘發上述一種或更多種的威脅感產生，導致除了正面反饋以外什麼都聽進去的人出現憤怒、失去動力或沒辦法聽進任何話的反應。**但若你加入同理心，給予有建設性的反饋，就可以避免觸發這類的威脅反應。**這麼做可以增加對方聽進勸告的接受度，鞏固你和他們的關係，亦能在不擊垮員工信心的情況下協助他們改善工作表現。

如何給予富同理心的反饋

自從與綺拉的對談之後，這幾年來我已給出建設性反饋不下百次。在這當中，我逐漸學會如何善用我的同理心與和善特質，讓這類談話盡可能進行得更愉快且更有效。

你可以依循下列幾個步驟。如果你目前還未擔任主管職，請記得同樣的技巧亦適用於傳遞任何令人失望或難以說出口的消息。

▣用正面的口吻表達

你的表達方式是關鍵。請記得，提供反饋本身並不是問題，因爲這是主管職責中很正常的部分。因此不要用負面的口吻說：「這些是我從你的表現中所看到的問題。」或「以下是我發現你處理得不好的部分。」相反的，請清楚地傳達你並沒有對這個人感到失望，你是他們的楷模，你只是要協助他們更成功。因此你可以這麼說：「我這邊有些建議可能會對你有幫助。」或「我想給你一些有建設性的反饋。」

爲了降低對方覺得被威脅的感受，我總是會先將焦點放在小組成員做得好的事情上，用正面的詞彙來闡述問題，有人稱此方法爲「褒獎三明治」（praise sandwich），十分有效。與其暗指「全部都不對」，我會試著從「很多都做得很好，但仍有部分需要改進」的方向切入。有鑑於此，跟綺拉談話時，我便從她將財會數字整理得很好開始談起。正向的開頭會讓她比較自在，也讓我們接下來的對話更具有眞誠的建設性。

我常會讓對方有機會說出問題所在，例如：「有沒有哪個部分是你想著重加強的？」在許多時候，對方早已知道他們待改進的部分，當他們先提出來，就會變成我們要一起努力解決的問題，而不是我針對他們的批評。

這個方法讓我可以自然地切換成心靈導師的狀態，成爲支持他們的一部分，將威脅感（敵意）降到最低。我會直接告訴他們：「我想要看到你更好，我會在這裡支持你。」這對任何發自內心親切和善的領導者來說，都是很強而有力且充滿動力的立場。

▣別針對個人

我會時時確保自己將人和事分開。換句話說，我可以對某個行爲或表現有負面的感受，但我還是需要對這個人表現出同理心和支持，這麼做，也會讓對方從更有建設性而非從防備或愧疚的角度看問題。

爲了進入這個客觀的思考模式，我會專注於未來想看到的具體行動和行爲，而非說出任何情緒化的話語或針對過去發生的事情責怪對方。我也會小心地提出問題，因此我沒有問綺拉：

「妳覺得之前那樣**妳**該怎麼做比較好？」我問她的是：「妳覺得之前那樣該怎麼做比較好？」

Rent the Runway 的共同創辦人珍妮．福萊斯（Jenny Fleiss）說道：「藉由詢問問題來開啟關鍵的反饋對話，提供員工機會分享他／她覺得自己表現得如何，通常可以引導對方自己提出議題或話題，最終也會導向更爲和善且有效的結果。」我完全同意，且透過這樣細微的改變即可扭轉談話的調性，從任誰都不想參與的人身攻擊轉換爲更有意義的對話。

▣ 盡可能提供資訊

與其直接要求員工重做，我通常會確保有向對方解釋爲什麼我請他或她重做某項工作。這是我從時代公司一位主管那邊學來的策略，他善於在一開始給我一個大方向，接著讓我了解我該如何更有效地支持那樣的願景發生。了解你反饋的背後原因對員工來說很重要，知曉你交辦事項背後的原因亦是如此。這也是主管們可以用來激勵下屬努力達到高標準的方式之一，相當和善卻也深具效果。

舉例來說，我記得當時要與麗茲．懷特（Liz White）一起準備一份策略評估，她是我在時代公司時相當重要的一位組員。當麗茲將簡報的草稿寄給我時，財會部分的格式有點跑掉了，我希望她可以修一下，但我知道這麼做可能會被認爲吹毛求疵且很煩人。

因此我並沒有向她抱怨，相反的，我提升了談話的內涵層次：「如果財會報表的格線沒有對齊好或有點凌亂，會讓別人對妳提供的數字沒信心。」我如此跟她說道：「千萬不要讓他們有任何藉口來懷疑妳給的數字。」當麗茲理解了爲什麼這點很重要之後，便很樂意修改格式的問題，往後她也自然而然地會在這部分自我督促。

▣面對面談

我們每個人都很忙，因此很容易會抓起話筒或甚至直接用電子郵件給出快速的反饋。但我好幾次都見證了面對面坐下來談的重要性，原因亦跟我們大腦的運作方式有關，我們有一種特別的腦細胞名爲「鏡像神經元」[20]，只有在我們看到對方的時候才會被激發。在與他人相處的時候，我們會觀察對方的行爲，此時腦內的鏡像神經元即被觸發，進而模仿對方的行爲，而且我們會覺得這個行爲好像就是自己做過的行爲。無論我們交談的對象是誰，這個過程會讓我們抓到對方的情緒意向，但這無法透過電話或電子郵件進行。

我自己就不只一次犯過這樣的錯。有位名叫蘇珊（Susan）的小組成員曾用電子郵件寄給我一封錯誤百出的媒體新聞稿。我知道我應該要等有空時跟她面對面談，但我當時很忙，只想趕快解決這件事，因此我抓起話筒撥打她的分機。雖然我有遵照上面所有的建議，但那通電話進行得並不順利。蘇珊無法透過電話感受到我的同理心或憐憫之心，因而非常難過。最糟的是我在當下也沒有感受到她的情緒，因爲我也同樣看不到她的肢體語言！直到那天下午稍晚，我在小組會議上看到蘇珊的表情，才發現她有多難過。

我們每個人都以每分鐘好幾百萬哩的速度在前進，因此常會很難找到時間坐下來面對面談話，但發生在蘇珊身上的例子，讓我回想起過往我所共事過最棒的領導者，他們無論如何都想辦法面對面談話。我在時代公司的一位主管常會探頭進我的辦公室，問我有沒有空借他一分鐘，然後當面給我一些很有價值的建議。

那次與蘇珊的經驗教會了我，想傳遞富同理心的反饋，當面對談是一個相當重要的關鍵，也是絕不能走捷徑的事情之一。這是唯一確保對方有注意到你的眞誠和善意的方式，另外，這也讓對方有機會可以鏡像反射這份眞誠。這時候，和善就眞的會像超能力一樣——透過面對面互動，即可在他人身上啟發正向的改變。因此透過誠實且眞誠地對待對方，你也自然而然地鼓勵了對方用同樣的方式來回應你，即使是極難進行的對話亦是如此。如果你是遠端工作者，透過視訊會議來進行這些對話，會比用電話或（甚至更糟的）電子郵件來得更好。

▣要具體明確，但別微觀管理

對一些女性主管而言，深具挑戰的是如何避免過度微觀管理下屬、適時授權他人、給出明確的反饋意見。這也是職場中常見的另一個雙重標準。作家兼社會學家高樂佛（BJ Gallagher）觀察到，一樣的性格特質若出現在男性身上會容易被接受且甚至受歡迎，但在女性身上卻會被討厭。舉例來說，男性主管若十分關注細節會被視為仔細周到，但如果女性這麼做則會被認為是挑剔。因此，女性主管常會有失公允地被評為過度微觀管理。

我見過有些女性領導者為了避免落入這樣的刻板印象，而走向另一個極端。她們不想關注太多細節以避免被說管得很細，因而給出太籠統的反饋。這幾年下來，我學會在這兩者之間取得平衡，提供具體明確的建議，同時也不忘顧全大局。這麼說的意思是，可以針對對方沒注意到的一兩個部分提出建議，但也不用太注重一些枝微末節。

▣請專家協助

有時候某些反饋會不方便說或需要更細膩的處理，這時候可讓對方從第三方的口中聽到反饋比較好。這跟躲避問題不一樣，事實上我認爲這也是一種和善的表現，有些反饋若是來自和你沒關係或不需要每天在辦公室打照面的人，反而比較聽得進去。

我之前也和小組中一位女性成員有類似的情況，她被其他人指控總是擺張「晚娘面孔」。請注意這個詞本身就帶有性別歧視的意味。我常在會議中遇到面露怒意或毫無熱情的男性同仁，而其他人卻覺得他們只是在深思某個優秀點子。但如果是女性出現近乎一樣的表情，就會被視爲心情不好且很難搞。很不幸地，在這個案例中，我接到幾個別部門的人跟我抱怨這個人的臉部表情爲整個空間帶來負面氣氛。我覺得很煎熬，一方面我不想逼她改變自己，尤其這如果發生在男性身上則根本不需要擔心被投訴。我該怎麼跟她說？難道要請她多微笑？這實在是難以置信的性別歧視且令人生氣。但同時，我也必須面對事實，這個評價已經對她的工作表現造成負面影響，因爲其他人根本不想跟她共處一室。

最後我決定聘僱一位媒體教練來爲整個團隊上課，提供一些在會議和面談中如何展現自己的技巧，我也花時間在事前與教練溝通，讓他知道我接獲關於這位組員的抱怨。在這個案例中，我覺得由我來傳遞這個反饋會很痛苦（也很不公平），不管之前對她來說我有多麼親切或富同理心。若是從一個中立的第三方，同時也是這個領域的專家來提醒，可能會顯得比較沒那麼無禮。

不，我認爲女性並不需要在開會時擔心我們的臉部表情，而是要專注於盡量展現創意和能力。但在當時那個需要細膩處理的情況下，我得用最有技巧的方式讓我的組員知道，她因爲自己在職場上所呈現的樣貌而被評論（即使這樣很不公平）。

Achieving a Career You Love

堅定地傳達壞消息的五個好方法

1. 肢體語言很重要。請坐直並在整段談話中都與對方保持眼神接觸，不管情況多麼尷尬皆需如此。
2. 確保你的臉部表情與談話內容相符。不要向對方露出虛偽的笑容。
3. 每一句都用「我」開頭。
4. 記得在講完之後要停頓一下，並在談話的間隔保持沈默，讓對方有足夠時間可以反應。
5. 在談話之前，要清楚掌握你想傳達的是什麼，以及你要如何傳達。你甚至可以試著在鏡子前面練習或寫個草稿。

用正面訊息來平衡負面反饋

很顯然的，比起分享有建設性的反饋，給予組員正面反饋與讚美對我來說比較自然。這時候我能充分發揮建立關係的技巧，藉此跟我的組員締結情誼。但我也必須小心不要太超過而變成討好別人，因爲不斷誇獎對方會讓這些讚美變得毫無意義。

當一位發自內心親切和善的領導者總不斷地告訴員工他們有多棒，可能會因此讓對方認爲他很好欺負。在我的職涯中，以下這些技巧曾幫助我取得平衡，在正向且給予下屬支持的同時，依舊對他們維持很高的期許：

1. 一比十原則：我的姊妹約瑟芬・迪波利多（Josephine D'Ippolito）多年前曾跟我說過她的主管，也就是織品服裝設計師凱蘿琳・雷（Carolyn Ray）說過，在管理員工時，「你每說一次『唉呀，可惡』就要再說十次『幹得好』。」這並非表示你每次罵完人就要講出十句讚美的話，眞正的意思是要確保讚美比批評多才能激勵員工。《哈佛商業評論》曾有個研究指出，表現最優秀的團隊接受過的讚美與批評數量比例是六比一[21]。

2. 具體明確：不要給出籠統的讚美，具體告訴他們你對其工作哪些地方感到滿意。例如：「我眞的很高興你有把這個問題想透。」或「我眞的很喜歡你在向我報告之前先就這個想法做過壓力測試。」或「我很欣賞你引用了業界思想先驅的想法。」將他們的行動與你所期待的結果做聯結。這樣並不只是人好而已，也是用正面且更明確的方式激勵團隊拿出好表現！

3. 把讚美留著用：小心不要因爲太常給予讚美而稀釋了它的影響力。我會把讚美留到一個大型專案或企劃結束時才說，而不是每天都誇人，這讓我維持親切感但不會被視爲太和善或很虛僞的感覺。當一個專案來到尾聲，即使最後成果並不完全是我要的，我仍會確保自己讚美團隊成員的努力，並感謝他們盡全力獲得正面結果。

4. 早點說出口：如果有新成員加入團隊，我習慣讓他們早一點獲得肯定以增加他們的信心，我也會鼓勵團隊成員彼此間這麼做。這可以是很簡單直接的方式，舉例來說，當我其中一位助理剛來時代公司報到時，我發現我們沒有小組的通訊錄，於是我請她將每個人的姓名、照片和聯絡方式整理起來做成通訊錄。這個任務很簡單，一旦完成之後，這份通訊錄會非常實用。在下一次全體大會時，我跟大家分享通訊錄並說道：「這是凱蒂（Katie）所整理的，相信對大家會很有幫助。」每個人都拍手贊同，而凱蒂爲此感到很光榮。我想這一刻給了她信心，成功地揭開新工作序幕。此外，這類的友善舉動是許多漠不關心他人的主管從來不會想到要去做的。每當有人告訴我，職場上人很和善會是個負擔而不是資產時，我總會想到這件事。

接受反饋的一方

我在時代公司的時候，我的團隊想要爲公司的一個品牌創建新的 iPhone 應用程式，爲此我們需要公司投入資源才有辦法執行。我的團隊花了很多時間和精力做了一份簡報，然後在財務長和執行長面前報告，請求他們給予資金來開發這個應用程式，但卻沒被核准。在那場會議後我和一位同仁步出會議室，一邊聊著剛才發生的事，我感到很挫敗也很沮喪。「我們應該要多報告一些潛在業績的。」我說道。但我的同事卻沒有爲此受到影響，「我想我們可以改些地方，然後再去報告一次。」他說道。

我赫然發現自己太敏感也對自己太嚴厲了。我太在乎第一次就要達成目標，結果事情一不順利就很難接受。然後也浪費了許多時間苛責自己，但同樣的時間我其實可以拿來讓下一次表現得更好。這聽起來是不是很熟悉呢？在工作上如此投入情感很棒，但也可能會讓我們極難接受負面反饋。

我在時代公司時經歷了另一次這樣的情況。當時我犯的錯誤是太努力想要幫忙，又不想造成他人困擾。是的，我承認——當時我就是在討好他人！我的主管要我爲其中一個品牌擬定策略計畫，她給了我兩個月的時間。我以爲我知道她要的是什麼，也不想打擾她，因此從來沒跟她確認自己的想法是否在正軌上，結果我獨自做了一份四十頁的簡報檔案。報告那天是她第一次看到那份簡報，然後她當著整個團隊的面對我說道：「這根本不是我想要的，妳完全沒抓到重點。」

我聽完後整個崩潰。我衝出會議室，甩上門，然後走進洗手間大哭。一位朋友來找我並跟我說：「我能理解妳為什麼這麼難過，但說實話，妳臉皮得要厚一些。這與個人無關，這純粹是工作。」

對我來說，這段話讓我從此變得不同。我也從這個錯誤中學到很多。（我本就應該在簡報前先跟主管確認內容！）而且之後當我給組員反饋意見時，我也學會將人與事分開。事實就是我真的失敗了，但這並不代表我是個失敗的人，這兩者之間有著關鍵的區別。

先前我曾建議過，可以在呈交給主管之前，先主動簡化試算表和簡報，但這次我犯的錯就是「太主動」了。差別在於，這次並不是在統整既有的資訊。我是從無到有地創建一個策略計畫，這本身就是一個浩大的工程。加上這是我第一次接到這樣的任務，因此我當然得提早或在過程中與主管確認，以確保我是在正確的軌道上。

如果你不確定究竟是否要尋求反饋意見，可以試著問主管：「你是否想在我做出最終版本前先看一下我目前的想法？」或「在進行這個項目的時候，你希望我多久跟你回報一次？」

隨著時間過去，像這樣的錯誤讓我發展出一套成長心態（growth mindset）。史丹佛大學的心理學教授卡蘿．杜維克（Carol Dweck）曾針對成長心態與定型心態（fixed mindset）做出區隔。擁有成長心態的人相信透過訓練與努力可以增長才能，然而擁有定型心態的人卻相信他們的才能是與生俱來而無法改變的。杜維克的研究顯示擁有成長心態的人成就更高，因爲他們把重點放在學習。從各方面來說，這是個自我實現的預言。**當你相信自己能將某件事情做得更好，通常你達成的機率也更高。**

在接受反饋意見這方面，培養成長心態將會帶來莫大幫助，如此一來就不會把反饋視爲批評，而是成長的契機。無論你是在給予或接受反饋的哪一端，重要的是要讓同理心浮出水面，當你設身處地從他人的角度思考，就會知道批評你的人其實是在幫你。

要哭……還是不哭

關於女性在職場上哭泣的討論與文章很多，無論是探討是否恰當，或認爲這麼做會被輕視。我並不是說哭是最好的方法，但我能坦然承認自己在工作場合中哭過幾次，也有數不清的女性跑來找我哭訴，之後她們常常會很內疚，因爲她們覺得自己很失敗或暴露太多弱點。

我並不認爲女性在工作上出現情緒反應是示弱的象徵，事實上，當表現優異的組員在我面前哭泣時，顯示了她們有多在乎自己的表現能夠更好。這是好事，但這也不表示你應該要因爲一件小事就跑去跟主管哭訴。

如果你在聽到反饋後覺得情緒上來，或因爲工作上發生的事情而感到難過，這並不是世界末日。你可以說：「哇，我眞的沒有料到會這樣。我需要花點時間整理一下自己的情緒，接著我想跟其他人聊聊這件事。」

然後，請找你喜愛且跟你不同公司的人出來抒發。別讓你的情緒在體內堆積，不然它們會以其他方式出現，反而影響你的表現。在向朋友或家人傾訴後，我會覺得好多了，接著可以清晰地思考要如何以更穩定且更專業的方式繼續。但我也不會馬上就處理，我會先擱著，睡一覺後看看隔天早上的感覺如何。大部分時候，我在隔天起床後就會覺得好多了，準備好繼續前進。

如果你已經這麼做了，但仍感到不舒服，而且已經開始影響你的工作表現，那麼表達出來很重要。我所輔導的許多年輕女性不敢想像自己跟主管進行這類的溝通，但爲自己挺身而出很重要，這樣才可以確保在工作上能夠繼續全力以赴。

我輔導過一位名叫琳恩（Lynne）的女性就遇過這樣的情況。她所領導的小組正在爲他們的線上教育軟體開發新的課程，他們決定在新課程內涵蓋一項新功能。但在毫無預警的情況下，她的主管向全體組員宣布新功能將不會被納入。當下她覺得這讓她在組員面前威信掃地，而在拉開距離與家人訴苦後，她還是覺得很受傷。

我鼓勵琳恩去找她的主管聊這件事，但她擔心這麼做會被當作是在抱怨或太敏感，於是我便告訴她可以從這件事對於工作表現的影響來切入，並同時搭配上述的種種技巧，包括如何以同理心的方式提供反饋。我們坐下來一起草擬了下列這段話：

「有一件事情一直困擾著我，我需要找你聊一聊此事。要與你展開這段對話對我來說並不容易，但我想這對我們的關係很重要，也會影響我在公司的整體表現。當你告訴我的小組你決定不要把那個功能包含在新課程內的時候，我覺得這降低了我在小組的可信度。如果他們因此質疑我的決策能力，會讓我很難成爲一位有影響力的主管。」

琳恩眞的使用了這段話，而她主管的回應也相當正面。事實上，琳恩之後跟我回報，他們的關係比以往更加堅固。她的成功向我證明了只要我們站在同理心的立場，使用這章所提到的幾個技巧去平衡我們所做的批評，仍然可以給予同事或主管相當和善但直接的反饋。而一旦採用成長心態，你就會將這些有建設性的反饋視爲提昇自身技能的方式。

FOCUS

重點回顧

- 在給予反饋時，同理心可以是個資產，用來平衡特定評論和內容，讓對方清楚了解什麼地方需要改善以及爲什麼要改善。
- 提供反饋意見時，記得要讓正面的內容多於負面的批評。研究顯示表現優良的團隊所獲得的讚美和批評數量比例是六比一[22]。
- 接受反饋意見是成長和發展的契機，並不代表你有問題。別因爲那些做得不夠完美的事情而苛責自己，好好利用你所獲得的反饋意見，把注意力集中在該如何表現得更好。

CHAPTER

5

堅定且周全地做出決定

每當我回想職業生涯中所做過的艱難決定，總會想到其中一次。當時我還在時代公司任職，我們設立了一個由 InStyle 編輯所負責構思，名爲 StyleFind 的購物網站。這是一個極具挑戰的任務，投入了許多金錢和資源，但最後成效並不是很好。

我們曾有一度將之擱置，沒做任何處理。StyleFind 網站就像是我的孩子（當初是我親自去向公司要求投資的），我擔心如果把網站關掉會被視爲我個人的失敗，也會成爲我職涯上的污點。任其苟延殘喘了兩年之後，我必須決定是否要繼續在 StyleFind 網站投入更多時間和資源，想辦法令其起死回生，或乾脆切割乾淨，終止任務。

除了擔心這個決定對我工作的影響，我也考慮到這麼做會如何影響到公司和我團隊裡的其他成員。一直以來我都認爲與生俱來的同理心是我工作上的優勢，因爲它讓我得以與人建立關係，維繫忠誠與信任。但在這個節骨眼上，我卻覺得在做艱難決定時，同理心反而更像是一種負擔。

很多人都覺得「人很好的女性」比較優柔寡斷，且因爲花太多時間擔心別人怎麼想而總是難以下決定。沒錯，我們對於其他人深富同理心，我們也總是能深刻認知到自身行爲會如何影響別人，但這不一定是壞事。事實上，只要運用得當，這對領導者而言會是個很有力的強項。

這裡的關鍵，當然就是要在「同理心」與「窮擔心」之間取得平衡——因爲太過擔心自己的決定會如何影響他人，會無法下判斷。是的，從不同角度思考問題的每一個面向，蒐集同事們的想法與意見很重要，但最終，領導者還是得要回到自己的身分，做出明確的決策，並爲後果負責。就像我先前所提到的，當同理心變成擔心，它就成了我的致命傷，因此，建構出明確完善的策略來幫助自己變得更有決斷力，成了我職涯發展上很重要的一環。

這並不容易，我知道有很多人也同樣爲此感到痛苦不堪。這是我訪問過的女性們所說的：

- 「我覺得具有決斷力的女性會很不公平地被貼上專橫的標籤，因此我會避免在工作上做出重大決策。」
- 「我喜歡在做決定之前詢問很多人的意見，但接著我會擔心如果我沒照做，那些人會拿這件事來攻擊我。」
- 「有時候我覺得如果尋求建議，會被視爲軟弱或沒用，所以我會努力自己做決定而不去尋求他人的意見。但我也在想如果我有去詢問意見的話，是不是得以在更通盤了解問題的情況下做出決定。」

建立具有事實基礎的自信

在做艱難決定的時候，你需要對自己有信心，相信自己可以做出相當聰明、完整且有效的選擇。市面上有許多探討女性和自信的書籍，但我注意到其實有兩個關鍵元素沒有被討論到：清楚地舉出自信來自何處，以及自信和自負的差異。

眞正的自信並非與生俱來的，而是一種可以培養的技能，但需要細心關注自己的成功以及獲得成功的方式。這種具有目的性的自我反思，會建立出貨眞價實、證據確鑿的信心（evidence-based confidence），而不會變成驕衿自負。另一方面，當一個人覺得自己很重要，無論去到哪裡，毋須任何實際證明就覺得自己很優秀，那就不是自信，而是自負。

許多年前，一位相當有影響力的女性面試我時，給我的評語是我具有「低調的自信」。一開始我不太了解她的意思，甚至不確定這是褒還是貶！她是說我很拘謹且被動嗎？這並不是我想傳達的印象。但她接著解釋，她希望團隊的人可以在貢獻所長的同時，不會過度自我膨脹而成爲阻礙。我聽著聽著才恍然大悟，原來她是指從經驗所累積而來的自信。

直到今日，每當我爲了做決策而掙扎或是感到不安時，我就會回到過往經驗中尋求答案。不久前，我要在三百位專業經理人面前進行大型演講，這讓我相當緊張。一位與我熟識的朋友說道：「回想一場妳講得很好的演講。」這個建議很簡單，但卻具體且有效。在那場大型演講之前，我回想幾年前我曾做過一場演講，被我的團隊成員說相當有共鳴。我努力地視覺化那次的演說，極盡所能地憶起每一個細節——我說了什麼、如何表達，還有當時成功的感覺。這讓我對自己深具信心。

當我面對是否要關掉 StyleFind 網站的決定時，我想到了這個心法。我回顧了過去我所做的艱難決策中，那些最後結果相當成功的決定，也仔細檢視當時所用的方式。我發現在每一個案例中，我都會先蒐集各種需要的資訊，但最後卻是跟著內心的勇氣做決定，不是用頭腦分析，也不是用心感受，而是跟隨我的勇氣。這個方式對我相當有效，有了這份認知，也讓我往後在使用此技巧做決定時更有自信。

許多領導者也會利用這樣以證據爲基礎的自信來做出艱難的決策。我的朋友敏蒂．葛羅斯曼（Mindy Grossman）是 Weight Watchers 的現任執行長，在二〇〇八年擔任 H S N I（HSN 和 Cornerstone Brands 的母公司）的執行長時，決定冒著相當大的風險讓公司上市，當時整體經濟已開始出現下滑的趨勢，因此敏蒂得說服消費者、員工與董事會等人和她一同冒險。她跟我說，如果先前沒有經營這些相信她的人脈網絡，她怎麼樣都無法完成這件事。自內心散發出的良善與開誠布公讓敏蒂獲得大大的回報，這些人相信她並願意跟隨她一起承擔莫大的風險。

然而，隨著上市時間越來越近，敏蒂也坦承她有很多恐懼。她說她記得當時曾站在陽台上想：「我有辦法做到嗎？有六千名員工的未來在我手上。」這時敏蒂回溯過往，搜尋自己的「具有事實基礎的信心」。她提醒自己，在做決策前曾做過所有鉅細靡遺的盡職調查，透過回想之前所做的努力，她的心中逐漸形成一股自信，相信自己與自己正在做的事。若要建立屬於你自己的「具有事實基礎的自信」，你可以問自己以下幾個問題：

- 「我曾做過什麼困難的事……而且最後成功了？」
- 「我曾做過什麼明智的決定？」
- 「我在做出成功的決策時，採用了什麼方法？」

接著便可以帶著自信，用以下幾個技巧做決策：

▣補齊資訊漏洞……………………

做決策時尋求他人的意見顯然非常重要，但究竟要問幾個人而且要問誰呢？

事實上，男性和女性在高壓情況下的反應有著生理上的差異（是的，在工作上要做出艱難決策絕對會引發壓力反應）。男性一般來說在面對壓力源的時候會進入「戰鬥或逃跑」（fight-or-flight）的模式，而女性則會傾向尋找社群慰藉[23]，心理學家將這樣的行爲稱爲「照料和結盟」（tend and befriend）的壓力反應。研究顯示，相較於男性，女性的腦部在回應壓力的時候會釋放出一種名爲催產素（oxytocin）的賀爾蒙[24]，催產素會讓我們感覺互動很美好，因而女性在遭遇壓力時會想要找朋友傾訴。

有一部分是因爲這種對於壓力的反應，會讓許多人在面臨艱難決策時，尋求最親近的友人或家人的慰藉。但他們眞的是能給出周到建議的最佳人選嗎?答案是未必。我不會去找最親近的人，相反的，我面對決策時的第一件事，便是去試著找出我目前最欠缺的專業是什麼。然後我就會集結一個可以諮詢的小組，補齊我在經驗與知識上的不足，這讓我得以聽到不同的觀點，但仍舊專注於我的目的，而不會因此延遲我的決策或偏離主軸太遠。

我常會跟其他女性分享這個技巧，讓她們避免落入「找太多人諮詢意見」的陷阱。我最近輔導的一位女性新創公司創辦人得做出一項重大決策，她向許多投資人（主要爲男性）徵詢意見，這不只非常花時間，而且對象也不合適。她正在開發的產品是一個針對年輕女孩所設計的應用程式，因此她去諮詢的男士們並不能眞正了解她在做什麼，因而給她相當矛盾或過度批判性的建議。這讓她對自己的決策產生質疑，而且完全卡住不知如何是好。

我跟她說：「這時候妳要拿回主導權。這間公司是妳創立的，因此妳可以決定要從誰那裡聽取建議。妳覺得聽從那些不是產品的主要受眾或專家的意見合適嗎？」我向她解釋，徵詢建議時並不一定是越多越好。最重要的反而是有策略地思考要向誰尋求建議。

於是我和她一起列出了三種她需要的專家：了解產品目標年齡層現有市場概況的人、有創建新技術背景的人，以及眞的了解如何向年輕女孩行銷產品的人。她從這三位專家口中所得到的建議更貼近她的計畫，也讓她可以做出較全面且有信心的決策。對於任何想要廣納建言但同時具有決斷力的女性而言，最終目標應該是要對你所做出的決定抱持信心。

與這名創業家相反的是，我觀察到有些女性會刻意抵抗「照料和結盟」反應，試圖不聽取任何外界的建議就直接做決定。她們想要藉此表現出堅強自信的模樣，當然也不想要占用別人的時間，最後她們就閉門造車，獨自做出決定。但在現實生活中，凡事都一個人完成是很不務實的想法。沒有人會期待你什麼都懂，即使是世界上經驗最豐富的領導者還是會有知識上的落差，因此他們在面對艱難決定時，也會向專家請教。我們當然也應該這麼做。

千萬不要覺得對外求援就是示弱的表現。身爲一位主管，當團隊中資淺的成員前來提出點子或意見時，若他們告訴我已經在事前與專家討論過，我會覺得他們很有策略且相當聰明。因此，尋求外部專家的建議反而可以用來加強自己的論述，有利而無害。

建立自己的策略小組

你拉進來補足知識缺口的人，可能會因爲每項決策而有所不同。但很重要的是要有兩三位無論任何事情都可以諮詢的人，這些人未必要是某個領域的專家，事實上，他們應該要是非常了解你的價值，而且能幫助你保持理智的人。他們會問你尖銳的問題，認眞地逼你去思考。重要的是這個小組人數不用多（至多不超過三或四人），並請確保他們會給你誠實的反饋，幫助你堅持自己的想法，鼓勵你挺身而出做對的事。

我的策略小組包含我的先生，我親愛的朋友兼前同事派翠莎．卡爾帕斯以及我的商業教練ＭＪ（MJ Ryan），我與她共事已經有七年之久。對我來說，這樣是個極好的平衡，因爲這裡面包含很了解我的人（我先生）、跟我共事過的人（派翠莎），以及對我的商業目標與優先次序相當了解的人（ＭＪ）。工作初期我還沒有商業教練時，這個角色我會仰賴心靈導師的反饋。我從來不知道小組中哪位成員問的問題最後會啟發我做出最終決定。

我在時代公司任職時，因爲公司改組，所以我必須在同一天解僱數名員工，這是我做過最艱難的事情之一。那天早晨，我聯絡了每一位被解聘的員工，與他們約在當天進行面談，因爲我不希望拖太久，讓他們心裡七上八下。接著我將面談安排在他們各自的辦公室進行，希望他們在熟悉的環境中能更自在，我說完後就可以離開，讓他們靜靜地消化這個消息。在每場面談開始時我會說：「我有個壞消息要告訴你。」讓他們當下立刻知道發生了什麼事，然後我就直白地說完，接著等待他們的反應。

這些談話不好處理，我也很擔心團隊其他成員的反應。沒錯，剩下來的人都保住了飯碗，但公司重組對大家來說都不好受。我不確定該怎麼在其他人被解聘後，跟留下來的人宣布這個消息。當時我覺得自己有三個選擇：我可以讓每一位經理各自去處理他們底下的團隊；我可以什麼都不做，靜候執行長發送公開信；或者我也可以在那天下班前召集大家，跟他們宣布發生了什麼事。

在一整天心力耗損之下，最後一個選項顯然會是最痛苦的，但當我問ＭＪ的時候，她說：「法蘭，想一想妳是個怎麼樣的領導者，以及什麼對妳而言是最重要的？」我當下馬上就明白，既然我所深信的核心價值之一是建立堅固的關係情誼，那麼對我來說最眞誠的就是召集大家，直接與他們當面溝通。

別誤會我的意思，要面對大家還是不容易。但提前做了這個決定的確讓我好過一些，因爲我可以事先想好我要說的重點並預先練習。和我信任的人聊過這件事後所做出的決定也讓我更有信心，同時也獲得情感上的支持與肯定。最後更證實了這是個對的決定，因為這讓我得以保有與現任團隊成員的情誼，協助他們安定心神，也確保他們願意繼續為公司付出。

▣把利害關係人拉進來……………………………………

身為一名領導者，我發現去找那些受我的決策直接影響的人諮詢意見，成效相當顯赫，即使他們都比我還要年輕。在我的職涯中有幾次因此被別人說我「人太好」，他們說如果我太常去找下屬詢問意見，會顯得優柔寡斷，但對此我卻有不同的見解。對我來說，團隊裡也包含會受我決策直接影響的利害關係人，我要對他們負責，所以我總會在徵求意見的同時也清楚表明，最終的決定權還是在我手上。

有一位我所輔導的女性名叫凡內莎（Vanessa），她最近在為自己創辦的公司打造辦公環境，並僱用了一位顧問來設計可以容納四十位員工的開放式辦公空間。凡內莎問我對於設計藍圖有沒有什麼意見，我問她的第一個問題是：「妳有問過員工們的想法了嗎？他們才是每天都會在這個環境裡工作的人。」

凡內莎剛開始對於這個想法有些抗拒，她認爲詢問員工的建議會讓她看起來像是沒主見。我告訴她，應該要把員工當成焦點訪談小組的成員，從每個部門找一位代表來討論。她遵循我的建議，最終獲得了一些寶貴的建議。舉例來說，業務部門的代表提到他們需要有隱私的空間，這樣才能安心地打電話給客戶。因此凡內莎就在開放式空間中增加了幾間有隔間的辦公室，好讓業務人員可以進去講電話。她的團隊之後也因此更有產能，因爲他們獲得了成交所需要的條件，同時也覺得自己的心聲有被聽見。凡內莎不但沒被視爲沒主見，反而因此更廣納建言，做出果斷決策，並贏得下屬的愛戴。一旦你做出決定，請感謝每個你諮詢過的人所提供的建議。你可以提到自己所做的決定無法讓每個人都開心，但同時堅定地表達你認爲這是正確的方向。到頭來，做出決定還是比較好的，因爲所有人就可以一起往前進了。

■勇於承擔（至少以目前來說）

有時候讓我難以做出決定的原因在於，我擔心我得永遠忠於這個決定，不然就會被認爲很優柔寡斷。

我剛開始在時代公司和我的團隊開發新的應用程式時，這個問題時常困擾著我。科技日新月異，使得我們常常必須回頭去更改之前所做過的決定，像是最終成品應包含哪些功能。與這些新科技的接觸讓我更從容地面對變化快速的事物，這個經驗幫助我快速做出抉擇，然後在一切尚未改變之前忠於我的決定，同時也了解不用把這些決策內容視爲永恆不變。簡單來說，我學會擁抱改變。

我們生命中的事物一直在變，不只是科技，還包括所有內在變化與政治環境等，有時候檢視過去的決定是很正常的。這與沒有幫助的迷思無關，這麼做並不會讓你因此變得軟弱或優柔寡斷，它其實會讓你更具決斷力與彈性，對領導者來說，取得平衡是很重要的。

當你做出決定後，請忠於它。永遠不要爲你的決定而感到抱歉，即使之後你得要回去重新修正，或是結果不如預期也是如此。當我做了一個決定後，若結果不甚理想，我會說：「以當時的事實基礎來說，我們已經做了最好的決定。但基於我們現在是一間公司，有我們的目標，因此我們現在需要重新審視這個決定。」

▣ 如何停損止血

在我掙扎著該怎麼處理 StyleFind 網站時，我用了一個做決策的技巧，我知道這對我來說最有效率。我看了實際的數據（在在證實該網站是失敗的）並傾聽我的內心，它告訴我該放手了。我終於決定要關掉 StyleFind 網站，它是個失敗，但與其不斷糾結在那上面，我開始回顧過去，想看看有沒有什麼地方可以改善。

我發現當 StyleFind 網站上線時，我們沒有將消費者價値主張（描述消費者爲什麼應該要購買某項產品或服務）置入行銷文字或標語，這是網站失敗的主因之一。一名消費者無法明確地將產品的益處分享給另一位消費者，是我在 StyleFind 網站創立之初就很擔心的問題。

往後我也把在 StyleFind 網站上所學到的教訓帶入我身爲投資者的角色中，對於創辦人是否能輕易地傳遞消費者價値主張，我開始變得非常敏感。當我發現行銷某產品的好處顯然將成爲一個問題時，心中警鈴就會大響，這種情況下我通常不會投資。這個策略協助我辨認出最具前景的公司以進行投資，若不曾歷經 StyleFind 網站的慘痛教訓，我絕對不會懂得這些事。

身爲一名投資者與顧問，我看過許多女性難以割捨損失，因爲她們害怕會因此被視爲失敗者。要停損止血是需要勇氣與信心的，但這通常是確保不會再繼續向下沉淪的最佳辦法。

當我所投資的 Preserve 公司的布蕾克．萊芙莉（Blake Lively）決定要解散公司時，我爲此舉感到欽佩不已。布蕾克對《時尚》雜誌（*Vogue*）說：「我從沒想過我會有勇氣眞的這麼做，關掉網站然後說：『你知道嗎？因爲我沒有創造出心中所認爲的那個既眞實又有影響力的東西，所以我不想繼續像狗追尾巴一樣，我不會繼續把我和團隊不引以爲傲的產品放在市面上。』」

讀到上述這段文字時，你會覺得布蕾克是個失敗的人，永遠不配得到另一個機會……還是會覺得她是一位堅強的領導者，未來將會從谷底反彈至更高的位置？她知道我會想聽聽她接下來的商業點子，而且我相信她第二次創業會比第一次還要成功許多。

那要怎麼知道何時就是停損止血的好時機呢？當然你也不想走入另一個極端，太快就放棄一切。當你不確定該往哪個方向前進時，先思考一下需要發生什麼事才能翻盤，讓這個專案起死回生。你通常可以列出三至四個變因，然後自我詰問每一項變因的成功機率有多高。如果機率很低，那麼就該停損止血了，反之則仍然很有機會成功。

舉例來說，我分析了 StyleFind 網站成功的可能性，得到下列三個變因：

1. 我們得讓它在 InStyle.com 平台上占更大的比例，但這不太可能發生，因爲該平台還有其他表現得更好的網站。
2. 谷歌（Google）演算法的改變。其中一個傷我們很重的關鍵因素，就是谷歌之前改變了演算法，我們因此減少了很多預期的流量。這個外部變因完全在我們的掌握之外。
3. 我們需要公司提供更高的行銷預算。我知道這不是個很好的時機點，因爲公司正準備要刪減成本而不是做更多投資。

看到這三個變因與其相當低的成功率，我很清楚地知道是時候放手結束StyleFind網站了。

做決策時如何擺脫糾纏

即使你遵循所有的事前建議，仍可能因為各種因素而面臨難以做決定的時候。當這樣的情況發生時，下列是我的處理技巧：

- 往後退一步去看整體情況。我們很容易陷入枝微末節中，尤其當你卡住的時候。如果你得在兩者間做出選擇，問問自己哪一個是比較接近你（或公司）整體願景與價值觀的選項。
- 尋找過去曾處理過類似情況的人並與之對談，了解當時他們是如何做出決定的。他可能是公司同事，也可能是外部人士。如果有人已經花時間想過這個難題，千萬別做重工。善用對方的知識來協助你做出更完善的決定。
- 試圖想像如果你同意的話，這個世界會變成怎樣。我最近被賦予了執行長的角色，這當然讓我相當得意。但當我開始視覺化我每天可能會發生的事……例如每天得花兩小時通勤去做一份高壓的工作，這表示我跟孩子相處以及處理對我意義非凡的專案的時間會減少許多。（針對此點第八章會有更多敘述）

- 給自己放個假，在這段時間內別去想這件事。通常，在你為自己的腦袋清出一點空間後，像是散步或是淋浴時，最合適的解決方案就這麼誕生了！

把情緒從決策中抽離

我的好朋友克梨西．卡特（Chrissy Carter）離開華爾街的工作後，成為了一名瑜伽老師，她教會我在需要做出艱難決定時，如何平衡同理心與其他情緒。華爾街的競爭相當激烈，克梨西發現她必須迅速精準地做出反應，但她的內在卻傾向於在做出最終決策前，花很多時間從所有角度思考。對她來說，要快速地轉換情緒並做出清晰的決定是很大的挑戰，但隨著每一次練習，克梨西也越來越駕輕就熟。

克梨西學會辨識如果出現哪些徵兆，就表示她對某封電子郵件或新聞有些情緒反應，那麼她就會策略性地等上一會兒再回覆。接著，一兩天過後，她才會以「事後諸葛」（Monday morning quarterback）的方式回到令她生氣的對談或訊息中，找出是什麼引發了她的情緒。她越常這麼做，就越能即時抓到自己的情緒是如何被激發的。接著她就會把這樣的情緒反應丟開，進行專業的對談或快速做出決定。

下列這些步驟是她在做決策時將情緒抽離的方式：

- 辨識你被觸發時的身體反應，可能是腹中忽然有千萬個結，喉嚨覺得一緊，或是下顎緊縮等。請注意到這些感覺。
- 當你感覺到這些生理變化，當下不要採取任何行動。
- 之後再把發生的經過像舞台劇一樣寫下來。在你的身體出現反應之前的那一句台詞是什麼？你覺得自己為什麼會有如此反應？
- 隨著你越來越能覺察是什麼觸發你的反應，你就會知道什麼時候需要往後退一步，並試著以客觀的清晰角度來處理這個情況。

失敗、自信心與風險

很顯然的，結束 StyleFind 網站並沒有如我所恐懼的那樣終結我的職涯。事實上，我記得其中一位資深高階管理人員跟我說：「沒有人可以百發百中，失敗是很正常的。」但當失敗眞的發生時，還是會因此撼動個人的自信。而且不難理解的是，我們也常會把嚴重的挫折視爲自己能力不足所造成，然後爲此感到不安。

頗值得注意的尤其是女性如何面對失敗。《哈佛商業評論》發現女性如果在過去曾在應徵其他類似職位時被拒絕，那麼她們之後幾乎就不太可能去爭取領導職位[25]。隨著時間過去，這無疑成了女性之所以與資深管理層職位無緣的原因之一。冒著失敗與被拒絕的風險時，我們該如何學會自處？

大衛．貝爾斯（David Bayles）和泰德．奧蘭德（Ted Orland）在其共同著作《開啟創作自信之旅》（*Art & Fear*）中提到一位陶瓷老師做的實驗[26]。他將初階陶土課的班級一分爲二，告訴其中一組之後會以數量來評斷他們的成績，只要做出越多作品，分數就越高。接著他則告訴另一組之後會以品質來評分，作品做得越完美，分數就越高。

猜猜看哪一組的作品比較好？答案是以數量去評斷的那一組。爲什麼會這樣？因爲他們的練習次數增加了，然後他們也失敗了。透過不斷地嘗試與失敗，他們的技術整體提昇了。而另一組因爲太專注於完美呈現作品而不敢冒險，因此他們從來沒失敗過，但也因爲如此，他們沒有任何進步。

我最近聽到有八十％的女性執行長在高中或大學時期都有參加過校隊，這個數據在我看來十分合理。透過團體運動，這些女性學會不將整個校隊的輸贏視爲自己的問題，運動有輸有贏，隔天回到運動場上又是一條好漢。透過一次又一次的重複，也確實讓這些女性執行長培養了躍升上位所需要的彈性。

或許你覺得加入大學足球隊對你來說爲時已晚，但培養冒險的信心永遠不嫌晚。我最近協助一位我所輔導的女性凱瑟琳（Kathryn）做出職涯中是否要冒險的重大決定。凱瑟琳是一位藥廠的業務代表，她獲得了一個業務經理的工作機會，這個職位在薪水上有明顯的提昇，但她和丈夫與孩子得從他們所居住的芝加哥搬到北卡羅來納州。

凱瑟琳和我一起討論潛在的風險。她的兒子需要特殊照護，因此很重要的是必須找到合適的學校，她覺得這麼做可能會中斷兒子目前在學校的優良表現，風險很高。凱瑟琳的丈夫與她在同一間公司工作，對方也提供她丈夫在北卡羅來納的一個職位，因此他並沒有失業的危機，但凱瑟琳依然相當擔心搬家可能會影響丈夫。除此之外，她的娘家和夫家都住在中西部，他們家的整個支援系統都在那邊。

從正面來看，凱瑟琳過去一年多以來已經對現職感到倦怠，因此對於職涯可以更上一層樓感到相當興奮。這次升遷對她來說是個絕佳的機會，可以往上挑戰並承擔更多責任。她知道這些機會通常會伴隨其他事情一起到來，一旦我們清楚地知道潛在的風險與報酬，我們便就下列問題一一討論：

1. 如果不用考量我的先生和小孩的話，我會怎麼做？當然凱瑟琳得考慮搬家對她的家人會有什麼影響，但對她來說，知道還可以從其他角度來做決定也很重要。對凱瑟琳而言，如果不是顧慮到對家人的影響，她一定會接下這份新工作。

2. 如果他們也為我感到高興，我會怎麼做？凱瑟琳很幸運地有位相當支持她的另一半，也真心爲她感到高興，但並不是所有情況都是這樣。如果不需要討好他人，想像自己會怎麼做這個決定，對於同理心過度氾濫的人（例如我自己）來說很受用。

3. 這個決定跟我的價值觀是否一致？這聽起來可能很愚蠢，但很多人並不確定對自己來說最重要的是什麼。是金錢、成就感、愛還是其他東西？有主動討好他人傾向的人，往往會因爲想令他人開心而忘了自己的價值何在。但當你完全了解自己的核心價值，就會比較容易做出符合你心之所嚮的決定。凱瑟琳發現她十分重視她的職涯，並且相信自己若在工作上表現優異，也會是個更好的母親。

4. 最糟的情況會是怎樣？辨識出最糟的情況可以讓未知的恐懼降到最低。在極端糟糕的情況下，凱瑟琳可能會討厭她的新工作，她的兒子可能會不喜歡新學校而不再進步，而她的丈夫可能會怨恨她讓全家搬遷。這看起來不是很好，但至少幫助凱瑟琳正視這些可能。

5. 我可以如何降低風險？一定有方法可以降低你個人冒險的衝擊。有時候當「人很好」的女性被賦予機會時，她們會很猶豫不敢要太多，因爲怕被當成是貪婪的人。但爲了降低風險而主動提出所需，其實是聰明的表現而非貪婪。凱瑟琳因而與公司談成一個協定，一年內如果她不適應新工作，她可以在芝加哥得到相同職位的工作，同時她也把芝加哥的房子租出去而不是賣掉，在北卡羅來納州則改用租屋的方式。

Achieving a Career You Love

故意被拒絕

有一次我聽到 Spanx 創辦人莎拉．布萊克利（Sara Blakely）談到她的父親在她年幼時鼓勵她「失敗」。在餐桌上，他會問莎拉和她的弟弟：「你們今天經歷了什麼失敗？」她讚揚了父親給予他們失敗的自由，這讓她有了面對風險的信心，且對她往後的職涯也有很大的助益。這個故事令我印象深刻，我在想等我的兒子們年紀稍長一些，我也要開始這麼做。

我也曾經聽過一場TED演講，主講人蔣甲（Jia Jiang）為了要努力克服自己被拒絕的恐懼，他刻意地每天出門讓自己被拒絕，如此持續了一百天。他看到陌生人會走上前向他們借美金一百元，或是吃完午餐後詢問店家能不能幫他「免費續漢堡」。這聽起來可能很愚蠢，但他也因此對於被拒絕感到越來越自在。另外還有一個附加的收穫，就是他發現人們比想像中的還要慷慨親切。

因此如果你因為怕失敗或被拒絕而不願意冒風險，為什麼不試試看呢？你可以問自己：「我今天打算如何失敗？」說不定最後的結果反而是你成功了呢。

風險的另一面——如何面對失敗

事實就是，無論你多麼有自信或準備多麼充分，並不是每一個你所承擔的風險都會變成你想要的結果。相信我，因爲我在職涯中所冒的最大風險最後並沒有如預期那樣發展。

當我還在時代公司的時候，我發現自己很享受我的副業，投資新創公司或擔任其顧問。我的兩個兒子當時年紀還很小，所以我也在找更彈性的工作。當時我已經在媒體界闖蕩超過十五年了，我覺得是時候可以用這些經驗再去做點不一樣的事。

在尚未付諸行動之前，我花了很多時間思考目前在做的事有哪部分是我最喜歡的，答案是我很喜歡跟新創公司的創辦人見面，以顧問或心靈導師的身分與他們密切合作。這是我工作上最喜歡的部分，然而這部分我卻幾乎沒有任何報償。

就在我還在思考是否應該要轉成全職的投資人時，我遇見了麥可・羅騰堡（Mike Rothenberg）。我後來投資了麥可當時所經營的創投基金，我們倆一拍即合，他問我是否願意到他旗下工作。這表示我得要承擔相當大的風險，因此我擔心的事情自然很多，從「這個決定會如何影響我生活中的每個人」，到「如果我失敗該怎麼辦」。

爲了做這個關鍵決定，我詢問了自己問凱瑟琳的那些問題：

1. 如果不用考量其他人的話，我會怎麼做？以我的情況來說，我的先生非常支持我做這樣的改變，我也知道這對孩子們會是很好的選擇，因爲離開時代公司後我會有更多時間可以陪伴他們。然而，我顧慮的是我在時代公司忠心耿耿的團隊，可能會覺得我拋下了他們。但當我問自己，如果他們不是考量因素的話我會怎麼做，誠實的答案就是我會冒這個風險離開公司。

2. 如果他們也為我感到高興呢？當我想像時代公司的團隊因爲我開啟新旅程而感到高興，就加深了我對於這個決定的信心。這也讓我從全新的角度來看待這個決定——我並不是離開他們，而是走向一個新契機。

3. 這個決定跟我的價值觀是否一致？在當時的職涯階段來說，孩子們是我的第一優先順位。我當然也希望在工作上依然有所作爲，在創投公司會讓我有時間多陪伴孩子們，我也知道這對我的職涯會帶來助益，因爲我會學到新興科技，也會跟著拓展我的人脈網絡。

4. 最糟的情況會是怎樣？最糟的情況就是我無法勝任，那我就得回到一個人且再也無法仰賴組織。我也知道我離開時代公司進入創投界的事應該會被媒體報導，所以如果沒成功的話會很丟臉。

5. 我可以如何降低風險？對我來說，這或許是最重要的問題，因爲它讓我發現我可以繼續對新創公司的個人投資，同時在麥可旗下工作。這麼一來，即使我無法勝任，我還是有自己的事業可以進行。

在回答了這些問題並對麥可與其公司做了盡職調查後，我發現做這個決定比之前容易多了。我到了麥可旗下工作，而且剛開始的時候我愛死了這份工作。我因此搭建了在矽谷的許多人脈網絡，也很享受身邊圍繞著年輕有活力的團隊所帶給我的熱情。

我以爲自己可能會在麥可的創投公司羅騰堡創投（Rothenberg Ventures）工作幾年，接著再去更大型的創投公司服務，但這後來並沒有發生。兩年後，我對創投的幻想破滅了。我發現每天在做的事情與自己的價值觀相違，也認知到若我用自己的錢投資新創公司，會比用別人的錢來投資還要快樂。此時我眞的很高興當時有想到該如何降低風險，而持續了我個人的投資。那時候我名下有十七間公司，因此我可以離開羅騰堡，而毋須擔心下一步該怎麼走。

最後，這個經驗並不是照我當初的計畫走，也不如預期的那樣發展，但如果可以重回當時做出不一樣的決定，我的決定也不會改變。以當時的情況來看，這仍是個對的決定，因爲我累積了許多正面的經驗。我因此認識了一些原本不會認識的人；也有機會對一大群關鍵人物演說，這讓我得以建立自我品牌。這份工作也給了我彈性時間來撰寫這本書以及執行其他個人的專案，例如《女性開端》（*Girl Starter*）這樣一部以女性實業家爲主題的新實境節目。

雖然我說不會改變這個決定，但這並不代表我一路走來都沒犯過錯。其中一例就是當我發現這個職位並不適合我的時候，我早該忠於自己的建議早點停損止血。但我不想面對自己居然在這件事上失敗了，一直到重新找回自信並止血停損後，我才發現原來這不是失敗，因爲我從這個經驗中也得到許多。

那麼底線是什麼呢？如果你冒了險但最後結果不如所願，歡迎加入我的行列。下列是你可以如何重新站起來，拍拍灰塵，再繼續前進的方法。你可以問自己：

- 「從這個經驗中，我學到什麼？」
- 「如果可以回到過去，我會改變哪個部分的作爲？」
- 「下一次在哪個部分我會做得不一樣？」

FOCUS
重點回顧

- 眞正的信心來自你先前成功過的經驗鐵證，而非一種傲慢心態。爲了培養以事實爲基礎的自信心，問問自己過去做出睿智決定時所採用的方法爲何。

●女性面對壓力時會出現特有的「照料和結盟」反應。爲了善用這樣的直覺反應，要建立自己的策略小組以因應艱難的決定。小組成員應爲你所信任的人，他們會時時鼓勵你全力以赴並爲自己挺身而出。此外，與有特殊專長的人討論這個決定會很有幫助，那些擁有你所欠缺的經驗的人亦是如此。

●女性如果在小時候就學過如何冒險和面對失敗，往後更有可能成爲堅強的領導人。想要自在地面對風險，可以試著每天冒一點小風險，或是提出你知道可能會被說「不」的要求。你越常這麼做，就越能與失敗共處，而不會爲此感到不舒服。

●當你發現自己在工作上有些情緒，先退一步思考可能是什麼觸發了你的情緒。當你對於這些觸發點開始有所覺察，就可以學著先給自己一點時間擺脫情緒，再做出清晰且毫無情緒干擾的決定。

●爲了避免因同理心過度氾濫而阻礙了成功，在做決定時請詢問自己，如果生命中所有人都支持你的決定，你會怎麼做？

CHAPTER

6

以有策略且富同理心的方式談判

縮短薪資差距

我們都知道，性別薪資差距是存在的，而且近期內應該不會消失[27]。二〇一五年（目前最新數據）男性和女性的薪資差異比超過二十%。（編注）換句話說，男性平均每賺一塊美元，女性才賺零點八元。雖然女性在過去幾十年來絕對有所進步，但薪資成長率卻停滯了。若以一九六〇年至二〇〇一年這段期間的薪資成長率來計算，女性要等到二〇五九年才有可能獲得與男性相同的薪資。但因爲此成長率自二〇〇一年後就停滯不前，因此我們得等到二一五二年才會達到相同水平。

這個差距對女性有色人種而言甚至更嚴重。以二〇一五年來說，男性平均賺一塊美元，非裔美國女性才賺零點六三元，而西班牙裔或拉丁裔女性則只賺零點五四元。如果你覺得這對你沒有造成影響，很遺憾的，你很快就會發現差異了。平均來說，女性要到三十五歲才有辦法掙得男性九十%的薪資，然後隨著年齡增長，男女薪資比只會逐漸擴大，不管任何種族或教育程度皆是如此。

聽起來挺嚇人的，不是嗎？但爲什麼會這樣呢？二〇一二年有一份研究，證明了刻板印象與偏見是造成如此薪資差異的主要原因之一[28]。在這個實驗中，科學相關科系的教授在聘僱實驗室經理時收到了兩份履歷，裡面所有的資訊都一模一樣，除了一個關鍵的差異：其中一位名爲約翰（John），另一位名爲珍妮佛（Jennifer）。教授們認爲「約翰」比「珍妮佛」更有能力且可被聘僱。重點來了，這些教授最後給約翰的起始薪資比珍妮佛高出十二％。

更令人忿忿不平的還在後面，甚至非人類女性都會在經濟上遭到莫名的貶低。二〇一四年的一份研究請受測者評估他們願意花多少錢來聘僱兩位表演機器人，一位名叫茱麗（Julie），一位名叫詹姆斯（James）[29]。結果詹姆斯可以獲得比茱麗高出二十五％的報酬。很不可思議，是嗎？

我過去就曾在職場上親眼目睹「刻板印象」如何讓男性的價值高於女性。我早年工作時，曾在一個非營利組織的董事會負責津貼的審查，每一年，董事會都會逐一檢視管理經營團隊的每個人，決定隔年要給他或她多少津貼。當時我們在討論同爲同事的一男一女應調漲多少薪水，然後一位較年長的女士提出應該要給那位男性加薪多一點，因爲他是家中的主要經濟負擔

編注　根據台灣勞動部所做的「薪資及工時」調查（http://statdb.mol.gov.tw/html/woman/107/107woanalyze02.pdf），二〇一八年台灣兩性薪資差距爲十四點六％，二〇〇八年兩性薪資差距則爲十八點六％，十年來減少四％。與美國、日本、韓國相比，韓國爲三十二點二％，日本爲三十二點三％，美國爲十八點九％。依差距增減幅度觀察，近十年來韓國減幅最大，減少七％，日本減少四點一％，美國則減少一點二％。

者。而那位女性目前單身，所以經濟壓力相對較小。

幸好，董事會的一名男士舉手發言道：「這並非我們在做決策時需要做的假設或考慮因素。我覺得他們兩位的表現都一樣好，對組織的貢獻度也一樣。」董事會其他成員均同意，最後決定給兩人同樣的加薪幅度。

這是我第一次親耳聽到有人如此將傳統的性別角色搬上檯面，還拿來當作男性應該比女性同儕獲得高薪的理由，我眞的很震驚。尤其這竟然是由一位女性所提出的刻板印象，且主張給男職員較高的加薪幅度，只因爲他的性別，這實在令人感到沮喪。我當然知道偏見存在，但此經驗讓我知道原來這樣的偏見是多麼地深植人心，而這對女性的進步又是多麼大的阻礙。但同時最後的結果也給了我一線希望，我很高興董事會的那位男士站出來做了對的事。這告訴我仍有男性願意支持並爭取兩性平權，以及在面對如此情況時仗義執言的重要性。

談判差距

除了在會議桌上有機會爲其他女性挺身而出，我們還能做什麼來縮短薪資差距呢？有些世界上數一數二成功且激勵人心的女性認爲我們必須在談薪資時更加把勁，才能縮小這個差距。

某種程度上我同意這樣的看法。已有證據顯示男性和女性在談判方式上有很大的差異，應該說，女性有時候根本不主動商議薪資。最近有份針對工商管理碩士畢業生的研究顯示，半數男性畢業生在獲聘第一份工作時會商議自己的薪資，但女性畢業生卻只有八分之一會這麼做[30]。這表示幾乎有九十%的女性根本放棄談判。根據這份研究，這樣的結果導致男性的起始薪資平均高於女性七點六%。

我過去也曾跟這些女性工商碩士畢業生一樣。在我職涯的前九年，我歷經過五次升遷及換工作的經驗，但每一次我都直接接受對方所提出的薪資。我總是很感激對方願意給我機會，卻從來沒想過我應該要商議薪水。

現在我知道公司第一次提出的薪資，通常不是他們能給的最高薪資。針對每個職位，雇主通常會有一個可以商談的薪資範圍，而他們首次提出的薪資可能會從最低金額開始，才能保留未來議價的空間。因此如果你答應了最初的薪資，那麼你很有可能錯失了拿到更多的機會。

與人資招募專員談話是了解市場動向的好方法，可以藉此知道什麼比較「熱門」，哪些領域可能正在擴展，哪些正在緊縮。同時這也是你在目前職位上，替公司增加附加價值的方式。了解市場動力，不管在公司哪個階層都可以讓你做出更好的決策（第七章會有更多關於聯結人資招募專員的小技巧）。

我第一次商議薪資是在我進入職場第八年時，當時我想離開可口可樂，加入Moviefone，但這一切也是在無心插柳下發生的！當我告訴可口可樂我要離職，他們努力想慰留我。可口可樂所開出的價碼讓我十分心動，因而忍不住回去跟Moviefone說我考慮留下來。令我驚訝的是，Moviefone跟著開出更高的價錢。這時我才意識到原來自己在無意間成功地商議了更好的薪資、獎金和認股權等，最後我便離職了。

這個深具啟發的經驗讓我驚覺，就算一開始可口可樂沒有慰留我也沒關係，我還是可以憑著我的能力一開始就跟Moviefone議價。我也發現其實過去所有的工作我都可以這麼做，這對我來說猶如醍醐灌頂，我終於了解到自身的價值。從那天起，我總是確保自己仔細檢視對方所開出的價碼與津貼福利，而不是拿到什麼就接受，必要時我也會帶著自信與對方議價。

隨著我的職涯繼續發展，我發現有很多年輕女性下屬也犯了跟我同樣的錯：她們完全不議價。這也變成了預期中的事，以致於當我跟團隊成員進行年度績效考評時，我幾乎可以預測會發生什麼事。當我在考評前思考薪資調幅時，我會留意把焦點放在員工的表現上，但即便如此，我還是注意到團隊中的男性成員比較會商議薪水調幅，而有時候他們也會成功地拿到比女性同仁更高的薪水，因為後者通常會默默地接受。

所以爲什麼女性這麼少議價呢？從我的經驗看來，這一切仍與討好他人的心態有關，女性爲此對於開口議價倍感壓力，許多女性擔心會被視爲盛氣凌人、霸道或甚至貪婪。我個人完全可以理解這樣的顧慮，而我也必須很抱歉地說，的確有研究證實這樣的顧慮是有道理的！

二〇一一年埃默里大學（Emory University）做了一份研究[31]，受測的經理們被告知他們得跟下屬討論調漲薪水。在這個情況下，他們爲團隊中男性成員所調漲的薪水，是具備同樣能力和經驗的女性成員的二點五倍。這是在議價還沒開始前所開出的價碼。但當同樣這群經理被告知不需要爲調漲的幅度做出辯解或與對方討論後，他們對男女性開出的價碼都是一樣的。

換句話說，這些經理在被迫要與對方談判時，並不想對男性下屬開出低價碼。他們假設在這樣的討論中，男性會比女性更積極爭取高薪，因此他們直接開出更高（二點五倍）的薪資給男性。儘管經理們知道男性下屬並不是眞的值得拿更高的薪水，他們依舊這麼做，這點從當他們獲知不需要跟下屬討論原因時便給出了同樣的薪水漲幅即可證明。

一旦開始議價，事情常常會變得對女性相當不利。在哈佛大學（Harvard）與卡內基梅隆大學（Carnegie Mellon）一系列的研究中[32]，評估者被要求依據他們最想跟誰一起共事爲潛在員工進行評等。若是以前曾主動爲其薪資議價的女性員工，男性與女性評估員都一致評得很低。但同樣的評價並沒有發生在替自己議價的男性員工身上。

接著評估員們被問到如果他們遭遇與該員工相同的情況時，是否會替自己議價，大部分女性評估員說她們不會。但此處的原因並不僅止於想討好他人，她們知道如果議價的話可能會爲此受罰。我相信這正是爲什麼那麼多女性不替自己議價的原因——我們清楚知道自己面臨著不公平的評斷，因而決定不要與之背道而行。

要如何成功地議價，且不會因爲「太咄咄逼人」而受到責罰，是我在輔導女性時最常被問到的問題，而這個議題也與我所訪問的女性們有所共鳴。以下是她們的看法：

● 「我是一名自由工作者，因此時常需要議價，但我很討厭這麼做。這一點都不自然，當別人問我值多少的時候，我總是覺得自己沒有被公平地對待。」

● 「當我接受新工作時，我並沒有議價，之後卻發現有一位男同事在應徵類似職位的時候替自己談到了比我高二十％的薪水！這讓我每天都很不開心，但我現在不知道該怎麼辦。」

● 「雖然這麼做不是很自在，但我逼自己好好爲現職談條件，而我也拿到了想要的薪資福利，但都過了三年，我的男性主管依舊不斷地提醒我當初是如何『榨乾他的口袋。』」

和善且具策略性的職位談判技巧

那麼面對這一切我們該怎麼做呢？針對此議題給女性的意見大部分都是要我們硬起來，「像個男子漢」般地議價。但我的建議有點不同。我覺得我們要明白自己所面對的偏見，與其盲目地向前衝、激進地談判或完全不談判，反而要多善用我們締結關係的能力，用較有策略的方式議價，對雙方來說都有益。以下是進行的方式：

▣把焦點放在共同利益上

研究顯示女性若採取共同利益的談判方式，也就是著眼於對公司最有利的情況而非只是對自身有利的情況，則成功的機率較高[33]。這意味著除了要傳達為什麼你應該獲得升遷與調薪，也應該要表達你的才能和經驗如何為公司帶來更高的價值。舉例來說：「我的才能和人脈對公司相當重要，能協助公司達成最大的目標。」

這個方法是否利用了一般人對女性的刻板印象，認為她們總是先想到別人才想到自己這點來達到目的呢？我並不這麼認為。你依舊是在為自己的目標和價值而發聲，只是利用這個方法來提高你的成功機率，因此一點都不需要唯唯諾諾。

■清楚你的價值所在

如果替自己議價讓你感到不太自在，根據市場現況清楚知道你的價值所在，可以幫助你更有自信。這在薪資福利不夠透明的公司可能會有些困難，但還是有方法可以知道你的價值。在早期職涯中，我就覺得男性彼此討論金錢的情況比女性多很多，只有當我們願意敞開心胸來討論我們的價值，才有可能一起努力將薪資差距縮小。

我花了很長一段時間才知道自己身為輔導顧問的價值。有段時間，我對於所花的時間和提供的建議不要求任何回報，我參加了許多會議，免費分享我的建議。最後，一位一樣也在提供顧問服務的好友問我：「法蘭，為什麼妳免費做這些事？我通常會在第一次引導會議時提供免費服務，但之後如果他們需要我的建議，就需要付顧問費或給我顧問參謀的職位。」

這讓我重新思考該如何回應那些綿綿不絕尋求建議的請求。我決定可以對創業者提供三十分鐘的電話顧問或引導會議，接著就會以正式顧問的身分要求報酬。但若不是我朋友完全透明化地跟我分享她如何收顧問費，我絕對不會知道自己的價值。現在我會確保自己獲得應得的費用，也知道隨著時間該如何調整費用。當我在跟其他顧問聊天建立人脈時，也會問他們：「你曾經從你提供顧問服務的公司獲得哪一類的報酬呢？」

如果你不確定自己值多少，請努力找出答案。像 Glassdoor（蒐集全球公司的員工評論和評分的網站）這類的服務就有提供許多寶貴的薪資訊息，你可以從中了解到同儕們的薪資水平。你所聯繫的招聘專員也可以告訴你，依照你的經驗和位階，他們所能提供的報酬大致落在哪邊。

▣了解所有的槓桿

我發現在議價的時候，我們常常將「報酬」定義得太狹隘了。當你在找新工作並思考如何談薪資福利時，請用更寬廣的角度來思考。報酬並不只侷限於薪資和福利（當然，這兩者很重要）。如果該公司不打算給你更高的薪資，仍有一些「津貼」是可以要求的。例如以下這些：

- 彈性的工作時間（兼差或遠端工作）
- 教育津貼（持續教育或研究所課程的學費補助）
- 獎金

- 認股權
- 額外的休假
- 運動中心會員
- 夏季週五休假

也請記得你的優先次序會隨著時間而改變。在二十幾歲的時候，薪水對我來說非常重要，這樣我和先生才能開始存錢。但到了四十歲時，彈性對我來說更加重要，因爲我有了小孩。你的優先次序也可能會跟我的不一樣。

我有一位朋友有個相當熱衷的副業，對她來說能繼續維持副業很重要，她也願意犧牲一點全職工作的薪水以換取公司同意她繼續做副業的彈性。這些都是一塊塊的拼圖，每一塊都可能隨著你的職涯發展而出現變化。在開始議價之前，請先決定好什麼對你來說是最重要的。

▣ 對的時間點很重要……………

若你能在對的時間點要求自己所應得的報酬，那麼你的同理心就是你很大的資產。你的主管在什麼時候最能敞開心胸接受這樣的討論？我曾經有位主管在上午和下午簡直判若兩人，每次我需要找他的時候，會確保一大早就去找他討論以提高成功的機率。對我來說，這就是同理心和策略性的美妙結合。

無論你的主管是怎樣的人，若你近期在工作上有非常棒的表現，這時去談就會是個好時機，因為公司同事都知道你的成績，你的主管也不想在此時失去你。這時就不用等到年度考評才要求你應得的加薪或升遷，反而要好好抓住當紅炸子雞的時機點和影響力。

▣ 蒐集數據

議價應更客觀而非主觀。這裡的意思是我從來不會讓議價變成是個人問題，或是「覺得」自己該賺多少錢。在討論的時候，試著避免談論到個人的情況，像是你有多少開銷要支付。升遷和加薪應是與個人績效和實際數據有關，而不是你的感覺與其他情有可原的狀況，這些理由其實與公司無關，也可以輕易地被打發掉。

尤其如果你在議價時覺得不太有安全感，有個很好的建議是利用你蒐集到的確切證據來幫助你清楚表明立場，這些數據可能是你達成的目標，也可能是公司目前的財務狀況。舉例來說，你可以準備明確的證據，顯示你為組織所創造的價值，無論你是一名學校老師，為學校執行了一項成功的專案，或是一名會計師，剛完成了替公司省一大筆錢的專案。有時候你所賦予的價值不一定跟產品或專案直接相關。可能是你為團隊建立起一種文化，為此增進了彼此的道德感與留任率，或是你在公司主動創建了一個新的企業資源小組等。

在議價時，牢記財務數據也同等重要。你必須信手拈來這些數據，隨時為你的需求佐證，包括你可能沒想到的那些。例如我最近輔導了兩位不同的女性，她們同時都要在年底前離職，因而放棄她們的年終獎金。但她們卻都沒想到可以向新公司要求簽約獎金，以補償她們所損失的獎金。我解釋道，從新雇主的角度來看，這筆金額是妳相當確鑿的損失，因而他們無從爭論。而事實證明，後來兩位女性都成功地議得了這筆重要的簽約獎金。

市場價格也同樣難以爭論。我在時代公司時，團隊中有位年輕女性來跟我說：「我認識在其他媒體公司跟我做同樣事情的人薪水有這麼多，這是他們的薪資範圍。」她說得沒錯，而她呈現的方式讓我沒得選擇，只好想辦法給她應得的加薪，不然就要面臨她可能離職的風險。

我自己也曾仰賴市場數據來議價。當我剛開始在時代公司任職時，他們給我的職稱是「時人數位總經理」。但我認識在《運動畫刊》（*Sports Illustrated*）跟我做同樣事情的人，他的職稱是董事長。於是我便向未來老闆要求同樣的職稱頭銜，但他回道：「《運動畫刊》已經成功奠定其數位品牌，但《時人》才剛開始。還是我們先保留妳總經理的職稱，一年後我們再依情況來討論？」我覺得這挺合理的。一年後，我們的數位品牌成功地建立了，而老闆也很高興地給了我董事長的頭銜。當你在商議薪資、升遷或甚至是頭銜的時候，可能沒辦法馬上如你所願。但如果你手上有數據並據理力爭，你很可能就在成功的路上了。

▣呈現方式

有趣的是，**研究顯示女性在為他人議價時，其實表現得比男性還要好**[34]。是因為議價跟自身無關，所以女性會覺得更自在，不用擔心會被視爲貪婪，還是因爲商議的另一方不會用雙重標準懲罰她們？我想可能兩者都有吧。這得回到之前提及的共同利益談判方式，爲別人議價讓我們呈現關心他人勝過於自身形象，而這也是一個被珍視且被社會所強調的女性傳統價值。

對我來說，這其實也賦予了女性更大的權力。這顯示我們其實天生就有談判的能力，但當替自己談判的時候，我們的自信心卻跑出了門外。如果這樣的情況曾發生在你身上，下次在準備談加薪或升遷的時候，請想像如果是代表你最好的朋友或你的妹妹，你會如何進行議價？接著請將這份信心與信念用在自己身上！

關於要求加薪，我希望自己二十歲時就知道的事

我在二十幾歲的時候，光是想到去要求加薪就覺得很害怕。萬一被回絕了怎麼辦？主管會不會覺得我很貪婪或要求很多？我真的值得更高的薪水嗎？像這樣的猶豫使得許多女性在工作上不敢要求更多。我懂，因為我也曾經那樣想，我也輔導過不少曾經這麼想的女性。雖然要求加薪並不容易，但我也漸漸學到不需要為此感到恐懼。下列五個技巧與叮嚀，我希望可以告訴當年二十幾歲，不知道是否可以（以及如何）開口要求更多的自己。

1. 記得：如果答案是「不行」並不等於世界末日。要求加薪後，最糟糕的情況會是什麼？你不會因此被解聘，也不會因此被降級。「不行」當然不是你想聽到的答案，但除非你的要求真的很誇張，不然這並不會損害你的職涯，也不會讓任何人因此對你有負面評價。如果有任何評價，也會是對方覺得你很有自信，且相當認真看待自己的職涯發展。

2. 你過去的成功經驗。持續將你的成就記錄下來，寫下來後，可以的話也附上

相關確切數據和實例。當要求加薪的時機到來，這些實例會提醒你為什麼你值得。除此之外，在談判過程中這些數據也會是很好的證據。我聽過最具說服力的調薪提議，往往都是跟此人的影響力與其曾經締造的實際佳績有關。

3. 有自信並保持正面態度。你傳遞訊息的方式很重要。如果你聽起來顯得自己也不是很確定是否應該被加薪，那麼很可能讓談判桌的另一方存疑，這也會讓他們覺得拒絕你很容易。因此，在談話過程中要保持強烈的眼神交流，挺直腰桿，試著少用無謂的語助詞例如「嗯」和「只是」。帶著朝氣活力進入會議室，確保你有強調自己熱愛公司和這份工作的哪些部分。

4. 別苦等完美時機到來。你可以運用本章前面提到的時機點技巧來做策略布局。但如果你一直等待完美的時機到來，可能會等很久。總是會有新的潛在機會讓你表現，因此不要拖延，逼自己盡快提出加薪的請求。

5. 用「不行」來激勵自己的下一步。如果主管告訴你「不太可能」，請詢問原因。盡可能獲取越明確的回饋越好，這樣就能思考接下來該採取哪些步驟才能晉升到下個階段。唯有清楚你何時應達到何種成就後再離開會議室，之後也時時向主管或經理確認你是否仍在正軌上。

工作中的談判

我們常會把談判想成跟薪水、升遷與頭銜有關，但無論你在哪個產業，都有可能在工作上發現自己必須進行某些談判。即使你只是想把自己的事做好，最後仍可能需要藉由談判以爭取更多資源（例如團隊需要聘僱新人）、與供應商訂定條款、確認某項特定專案的啟動日期（通常是需要爭取更多時間）、確認自由工作者的報價、決定某項計畫的整體預算等等。重點是，學習成爲有效率的談判高手，絕對會幫助你在工作上表現得更優異。

別因「機車」而付更多

即使談判似乎令人退避三舍，但事實上要成爲談判高手，很大一部分與「人很好」的女性所擁有的特質不謀而合。尤其當你發自內心對人和善，善用同理心來建立強大的人脈關係，其他人比較容易在談判中答應你的附帶請求，對你所提出的需求說好。教導高階主管談判技巧的安・弗若斯特（Ann Frost）曾說，在談判桌上無禮的人，最後往往會爲此付出代價。而她把這代價稱之爲「機車稅（A-hole tax）」。

「沒有人想跟機車的人談判。」她說道：「因此他們會想辦法讓對方付機車稅，而且通常是在神不知鬼不覺的情況下進行。」我也在自己的職涯中見過這樣的情況。我還在 Moviefone 的時候，美國線上公司併購了我們公司，當時我在 Moviefone 管理財會部門，因此我負責主導我方在併購中的盡職調查。盡職調查是個繁瑣的過程，也因爲與收購價碼有關而容易有許多爭議，其中有很多風險。我知道會有這樣的情況，也想要極盡所能地避免任何與工作無關的爭端發生。

我也知道我會花很多時間與美國線上公司那些評估我們公司的人相處，因此我花了不少心力從個人層面去了解他們。同時，我們得說服美國線上公司的同仁，Moviefone 値得五點二五億美元。要帶著他們了解財務狀況，並逐一解釋我們的營利模式與資產是相當重大的責任，但我確保了這個過程是在互相合作且包容的狀況下進行，我也清楚地表明我們的目標一樣，都是希望併購能夠順利進行。我們在辦公室設了一間會議室給美國線上公司的團隊使用，當時我並沒有整天都坐在自己的辦公室內，而是花了不少時間在會議室內工作，這樣如果他們有問題隨時可以找到我。透過共享同一個空間，我很自然地從個人層面去了解每一個人，也跟這個團隊建立起關係。

在確定要併購之後，這樣的合作態度在很多方面都有所影響。現在我們雙方得一起工作，而我一開始就取得了優勢，因爲我已經跟他們建立了正向的關係。這也讓整個轉換過程比原先預期的更容易且順利。

我從這當中學到很多，之後職涯的每個階段我也確保自己將建立關係放在第一步。後來我來到時代公司，我們的資訊長是米奇．克來夫（Mitch Klaif）。身為技術部門的領導人，他承受著巨大的壓力，只為了讓基礎設施都能正常運作。從各方面來說，我覺得這是個吃力不討好的工作，來到他面前的許多人都不開心，可能是電子信箱出問題或他們沒有經費來進行專案。

我花了一些時間來了解米奇這個人，我跟他聊他的家庭，在他遇到挫折時也聽他傾訴。因此我與米奇的關係不錯，但許多同仁要請他把他們的專案放在第一順位卻總是吃閉門羹。有一次，我的團隊需要加速產品上線，這表示我們很需要米奇底下團隊的資源，我以為我的主管會直接去找米奇談，但她卻說：「法蘭，妳得去跟米奇談談。他不會拒絕妳的。」

當然，當我走進米奇辦公室的時候，他笑著說：「噢不，妳又來了。妳這次又想要我幹什麼了啊，法蘭？」當我從他那邊獲得首肯（他當然會這麼做），我的團隊成員都覺得難以置信。但我並沒有施展魔法。米奇會答應我是因為我們早已建立了關係。換句話說，我並不是有問題或需要什麼才去找他的，我是以個人的身分與他產生聯結，這並不是什麼了不起的舉動。身為所謂「人很好的女性」，具備同理心對我來說很自然，當需要談判或要求什麼的時候，這就成了我的優勢。

當他們越糟糕，「人很好的女性」就越好

或許你會想：「這當然很不錯，但萬一談判的另一方沒有你『這麼好』該怎麼辦？」很不幸地，這種情況太常發生了。一位「人很好的女性」做了此章節所提及的所有善意且配合度高的談判策略，但對方卻完全不是這麼回應。幸好，在這種情況下依舊有方法可以談判成功，而不用把自己降到與霸凌者一樣的程度。

我的朋友蜜米．菲利希阿諾（Mimi Feliciano）是一位地產專家與慈善家。她跟我分享她學會一個叫做「談判協議的最佳替代方案」（Best Alternative to a Negotiated Agreement，亦稱為BATNA）的技能，可以在談判破局時協助你思考接下來該怎麼辦。當談判開始變得難以進行，就需要一點創意思考來讓整個談判往更合作的方向邁進。

蜜米發現當她善用這項技能，就可以找到跳出框架且雙贏的解決方案。舉例來說，她當時正在談一個涉及收購許多不同產權的大型開發案，她需要最後一個物件的同意來推行整個案子。但這棟物件的所有權人卻是個惡霸，刻薄、難以溝通且不

公正，所有事情都得照他的方式來進行。蜜米提出從兩人所提的金額各分一半，但他卻不願意退讓。

這時蜜米並沒有抓狂或抵抗，或像屋主一樣降低格調逼他去修改底線，反而是用創意的方式思考是否有辦法在不犧牲完整性（例如不損失金錢）的情況下，讓屋主獲得他想要的。因此她找來了對此開發案同樣感興趣的第三方來幫忙，她知道這個開發案所在的城鎮非常希望這個案子可以成功，所以她去找他們解釋她所遇到的困境，而他們則表示願意居中協調。因此在該城鎮的協助下，談判成功了，而每一方也獲得了他們想要的，開發案得以有所進展。

嚴格的談判者可能會覺得這是個失敗的談判，因為蜜米沒能讓屋主在數字上有所退讓。但如果用合作的角度來審視這件事，這對蜜米、屋主與城鎮三方來說無疑是場三贏的勝利，因為他們最終都得到了他們想要的，開發案也有所推進。蜜米的目標並不是幹掉對方，而是雙方好好合作以獲取雙贏。而她也順利地成功了。

▣同理心與談判：雙贏

對我來說，成功的談判應該要帶來兩方的雙贏局面，而不是我欺壓另一方付出成本來給出我想要的。爲了讓雙方都能贏，彼此都要了解對方眞正重視的是什麼。這需要眞摯的同理心才有辦法理解。

我是從我父親那邊學到關於同理心的藝術。身爲一位工藝精湛的工匠，我的父親時常得爲他接的案子議價。我們剛從義大利搬到紐約時，他的英文不是很好，因此他得仰賴非言語的溝通方式來呈現他的自信與發自內心的良善，他會用眼神注視對方，也會親切地拍對方的肩膀，而且總是面帶笑容。他是個很有魅力的人，而他的親切是來自他總能感同身受對方的想法，以及哪些是他們所重視的事情。我父親的事業都是靠老主顧口耳相傳介紹而來，因此他希望每一位跟他協商過的人都留下了好印象。

然而我父親是靠著直覺這麼做的，他從來沒有接受過任何正式的談判訓練，但專家也同意同理心是獲得雙贏最好的方式。談判專家威廉．烏里（William Ury）表示，一場成功的談判應該要能增進雙方的關係。而要做到如此，你不能一直想停留在贏的那一方，你得要把焦點轉到雙方的利益上——那些你們雙方試圖想要改變、創造與／或保護的事情上。一旦你們都清楚對方的目標，就可以找到讓彼此都如願以償的方法。

我所輔導的一位名叫安娜（Anna）的女性最近剛換新工作，成爲一家大型報社行銷部門的職員。她被指派的第一個任務，是要找到一個新軟體來管理訂戶的資料庫。安娜找到一家新創公司的產品相當不錯，她覺得應該很適合公司，當她跟對方談每月費用時，她不確定開多少才合理，因而來找我諮詢建議，希望知道如何協商費用。

我的回答令安娜很驚訝。我問她：「爲什麼妳需要付費？」我告訴安娜，光是與她的公司合作就會爲這間新創公司帶來許多價值，因爲她的公司是一間主流報社，也就是對新創公司來說，第一個企業夥伴是如此知名的公司已經是很大的光環。根據我的反饋，安娜決定跟對方談三個月免費試用的前導計畫。

我鼓勵安娜在一開始就說出對方可能會想要的，以及她自己的目標。例如她可以說：「我想你們的目標應該是設法將你們的軟體推廣到越多客戶手中越好。如果可以與一家主流報社簽約，會讓你們的可信度提高許多，這比月費還要有價值多了。我的目標是以最低的財務風險，幫公司找到最有效的軟體來與訂戶們溝通。我相信如果我們一起合作，一定可以想出一個兩全其美的辦法來達到彼此的需求。」

如果另一方也同意她所提出的目標，我告訴安娜接著可以說出實際的提案：「我是這麼想的。我們可以先做一個三個月的前導計畫，這段期間我願意投入資源來測試這個軟體。而你們可以公布我們公司是你們的第一個客戶，三個月後你們也會獲得我們的反饋，這樣也會讓產品更進步。如此一來，我們可以在沒有風險的情況下測試產品，如果三個月後一切順利，我們便會開始付軟體使用費。」

最後，我告訴安娜，如果她遇到困難，記得回到「我們該如何讓這個合作成功？」來思考。藉由說出「我們」，她可以和善且富同理心地提醒對方他們其實在同一條船上，因此不應該彼此競爭，而是要合作。而隨著我們的討論，這樣的談判方式對安娜來說也十分自然，因而與新創公司的創辦人達成協議，最後締造了雙贏的結果。

FOCUS

重點回顧

- 女性和男性比起來較不傾向爲自己談判。這是性別薪資差距的主要原因。與其直接答應對方第一次開出的薪資條件，請不要害怕向對方說出你值多少。
- 在談判的時候，請聚焦在你爲組織帶來的實際客觀貢獻，而不是你想要更多薪水的原因。盡可能在事前蒐集數據以支持你的論點。
- 同理心是在工作上談判時的資產。記得把自己所想要的與對方所要的做聯結，如果遇到困難，就回到「我們該如何讓這個合作成功？」來思考。
- 在面對艱難的談判時，通常需要富創意的問題解決思考法來找到解方。遇到這種情況時請問自己：「談判協議的最佳替代方案是什麼？」

CHAPTER

7

投資自己並成為團隊的一份子

大概是在八年前，我聽到時代華納一位資深高層佩特．菲利．克魯雪爾（Pat Fili-Krushel）提到她固定一天會參加兩到三場聯結人脈的活動。這件事讓我非常震驚！我無法想像她如何在那麼緊湊的行程中擠出時間。但佩特接著解釋道，當她回顧自己的職涯，幫助她扶搖直上的最重要原因，就是她過往所累積的人脈。她深深覺得之所以能在每個工作間順利轉換，就是因爲這些人脈的幫助。

「好的，」我當時想：「這很重要。」但當時我也不知道接下來會轉到哪一行，過去十年我一直都在數位媒體圈工作，我意識到自己必須跳脫這個圈子以增廣見聞。我想認識那些不見得跟我用同樣角度看事情或有同樣想法的人，他們可以讓我知道外界還有哪些可能性。我想如果佩特一天可以參加二到三個活動，那我至少可以一天跟人喝一杯咖啡吧。而這正是我邁入嶄新職涯的開始。

我做的第一件事就是重新與派翠莎．卡爾帕斯聯繫上，這位在先前章節有出現過，是我多年前在美國線上公司共事過的朋友。後來我發現她接觸相當多的非營利計畫，甚至還領養了非洲的孤兒。當時我自己在非營利這一塊的接觸還很少，與她見面後啟發了我開始接觸更多。

這個聯結讓我認識了更多非營利領域的人們，也因此有機會讀到由紀思道（Nicholas Kristof）和伍潔芳（Sheryl WuDunn）所撰寫的《她們，和她們的希望故事》（*Half the Sky*），內容是跟全世界女性所受到的壓迫有關。這本書讓我開始思考我想要回饋什麼給這個世界，什麼才是我的熱情所在？

在書末，兩位作者列出了一張資源清單，讓想要採取行動來改變這個世界的人參考。其中一個非營利組織是「全球捐贈網」（GlobalGiving）。在上網搜尋過之後，我對於全球捐贈網正在做的事情感到相當佩服，我循線找到其執行長倉石眞理（Mari Kuraishi）並寫了封電子郵件給她：「嗨，我是法蘭，我在《時人》雜誌工作。我很欣賞你們正在做的事情，也很希望我可以幫上忙。」當我們見到面，我向她解釋，這麼多年來我一直以數位媒體來娛樂大眾，不管是在Moviefone、美國線上公司或《時人》都是這樣，現在我想要以更具影響力的方式來運用數位媒體。而這正是全球捐贈網在做的事。

我問眞理目前組織遇到最大的挑戰是什麼，我該如何運用我的知識與經驗來協助。她馬上就回道：「我們的總部在華盛頓特區，但我眞的很需要妳的協助讓我們在紐約設立分支。」於是我們一起規劃了全球捐贈網旗下的紐約領導委員會（New York Leadership Council），由我和眞理後來爲我引薦的布萊恩·華許（Brian Walsh）共同創辦。這是八年前的事了，自那之後我一直都與全球捐贈網有著密切的合作，目前我在其董事會擔任主席。會有這樣的發展，只因當初我決定要重新與派翠莎聯絡上。

在我下定決心要拓展人脈後，我也開始與科技業新創公司的人碰面。我的朋友克雷格．可雷曼（Greg Clayman）知道我對於輔導年輕女性有股熱忱，他對我說：「妳應該要認識一下索蘿雅．達拉比（Soraya Darabi），她之前在《紐約時報》負責社群媒體這一塊，現在她設立了自己的新創公司。她很強，才二十六歲就已經登上《迅速企業》（*Fast Company*）雜誌的封面，被視為業界最具創意的人之一。」

我與索蘿雅見面後，倆人相當投緣。有一天她跟我說：「我知道有很多女性創辦人需要財務資源和輔導卻不得其門而入。妳一定可以提供很多協助。」我的直覺告訴我，索蘿雅說得沒錯。轉做投資會給我很多彈性空間，尤其當時家中還有兩個年幼的孩子，這也會讓我可以提供更多輔導協助，同時讓我更加了解這個新產業。而且既然我已經付出許多時間提供新創公司創辦人免費顧問服務，再進一步投資其公司似乎也很合理。這就是我如何從媒體業轉到投資業的故事。從那之後，我總共投資了十九家公司，其中有十六家都是由女性所創辦。

我想表達的重點是：若我沒有像佩特多年前所建議的那樣開始拓展人脈，我就無法走到今天這個位子。我從媒體業到投資業的故事就是一個絕佳例子，說明只要我們著重與公司以外的人建立人脈，便會有無限可能。

在受到如此啟發之前，我一直都低頭專注在如何貢獻更多給我的公司。而且不只是我，第二章曾提到我們在年幼時就開始接收到訊息，告訴我們如何當「乖巧的女孩」，乖乖坐在桌前把功課做完。這樣的結果就是讓很多我所輔導的「人很好的女孩」覺得自己有義務要「做對的事」，而且是指對公司或對團隊而言「對的事」。對她們來說，這表示要盡己所能努力工作，花越多時間在辦公室越好。她們花時間接下額外的任務，處理那些別人都不想碰的問題，爲此加班或提早到公司。如同我前面所說，多做這些事並沒有什麼錯，但如果你因此沒時間發展自我與自身的職業生涯，那就會變成問題了。這麼做就不是「人很好」，而是在犧牲自己討好他人。

當然你得把自己分內的事情做好，但想要成功，其實得再多做些別的事情才行。你也需要主動和非同事的其他人社交，如果沒有這些關鍵的人脈，很可能就會落入被孤立的情況。而能夠幫助你扶搖直上，以及你可以提供協助的那些人都不知道你有多棒，也不清楚你的志向落在何方，或者更甚的說，他們根本不知道你的存在。

我遇過很多「人很好的女孩」落入她們應該要整天低頭專心工作的圈套，受困於那些沒有發展性的工作，甚至更糟的是，她們在失去工作後十分絕望。換句話說，許多女性被迫把焦點放在群體（小組或組織）而不是個體（個人專業與發展）。我所訪問的女性也反映了這樣的壓力：

● 「每當我離開辦公室去開會，就會覺得很內疚，彷彿我的同事一定會覺得我在偷懶或打混。我在五點離開辦公室去接小孩就已經受到同事白眼了，而這讓事情變得更糟。」

● 「我跟主管說我想要上大眾演說課，但他拒絕了，理由是這跟我目前職位沒有直接關係。但如果我都沒有發展其他技能，我如何獲得成長以在未來的某一天轉換到新職位？」

● 「我十分同意要多拓展人脈，但我真的沒時間。一週工作時數已經超過八十小時了，我要怎麼塞進社交活動？」

之前我也是這麼想，但我在自己的職涯發展中學到，其實一邊認真工作，一邊抬起頭學習專業技能、拓展人脈、思考未來是有可能的。花時間經營自己的職涯並不表示你在做錯的事或是背叛你的雇主！透過拓展人脈而學到的事情可能對你和公司有利。更甚地說，那些讓你「人很好」的特質，一旦在你決定離開辦公桌去接觸外面更寬廣的世界後，它們就會成為你很棒的優勢。我個人的經驗也可以證明這個事實，一旦你這麼做，大家就會想要幫你、與你合作，支持你想提昇自我的這個想法。

在我們的職涯中，要讓自己持續保有價值並平衡「人很好」的團隊精神和個人職涯發展，有三件事情相當重要：

- 投資自己
- 建立人脈
- 串聯機緣

投資自己

爲了投資自己和你的未來，你必須在公司內部建立人脈，多從事工作以外的活動爲未來播種，同時也要時時保有對產業趨勢的敏感度。

在公司內部建立人脈

喝咖啡與午餐時間都是可以認識人、分享想法、締結新情誼和鞏固關係的機會。請避免整天都坐在位子上埋首於工作。與同事們互動，可以讓你更了解公司內其他或許會想轉調過去的部門。除此之外，與能夠協助你更有效率地完成工作事項的人搭建人脈關係，對你和公司而言都是好事。

大部分的大型公司依照性別、功能、種族或性向等會有不同的資源團體。當你參加跨部門會議時，請避免習慣性地坐在認識的人旁邊。如果會議中有人正在執行一項有趣的計畫，可以請她或他喝咖啡。如果有跨功能部會的計畫，主動提供協助。了解公司各部門會打開你的眼界，讓你有機會看到一些過往從沒想過要爭取的職位或職涯發展方向。最起碼這麼做可以讓你與其他部門的同事締結關係，進而讓你的工作更有效率。

▣從事工作以外的活動為未來播種

發展工作以外的其他興趣，例如志工活動、加入工會。隨著你對熱情的追尋，可以爲未來播種。我在時代公司任職時，加入了非營利的董事會，同時也嘗試投資新創公司，我只是依著自己的興趣行事，但同時也在爲未來鋪路。事實上，直到今日我都還持續在播種。雖然投資與提供新創公司建議是我的主業，但我同時在寫書，也是電視節目《女性開端》的顧問。這會是我輔導並投資女性的興趣發展的下一步。如果你透過工作以外的活動來增廣見聞，很可能因此愛上某一個領域而開啟新的篇章。

▣ 保持對產業趨勢的敏銳度

其中很重要的，就是關注文化發展與產業趨勢。這麼做有兩個關鍵原因。

首先，如果你看到一個趨勢可能會成為你公司的收入來源，例如新的消費者行為模式或一種新興科技，請主動要求帶領團隊來追隨這個潮流。如同你在第二章所讀到的，這是為公司與你自己開創機會的好方法。

如果你在公司的資歷還不夠，或缺乏足夠的政治資源或信任來開始某個新提案，那這可能表示你得要努力證明你所看到的機會。或許你可以跟在其他公司相關領域工作的朋友聊聊，詢問該領域目前的最新情況為何。

第二，了解產業趨勢才能提昇你的價值。我所輔導的一位名為艾麗西亞（Alicia）的女性在一間小型廣告公司上班，我們認識時，她已在該公司工作十年了。她從擔任其中一位合夥人的助理開始做起，目前負責管理創意部門。然後，公司的合夥人們決定要把這間公司賣給更大的企業（業界的整併是許多廣告公司在數位化過程中都遇過的狀況）。

艾麗西亞並不喜歡新雇主，本身也沒有他們所偏好的數位相關背景。但當她想到要離開時卻不知道從何開始，過去她的人生都在回覆電子郵件與會議中度過了。因爲她熱愛自己所做的事而沒跟其他招聘人員聯繫，也沒有花時間跟上廣告業界正在發生的數位轉型。而現在的她陷入了恐慌。

爲了避免像艾麗西亞這樣，保持對產業的敏感度很重要。許多人可能會覺得這樣坐三望四很不忠誠或是很自私，但事實就是沒有任何一間公司會同樣地替你著想。所以你必須將個人的職涯發展放在第一位。

建立你的人脈

自從我在時代華納聽到佩特的演講後，我親眼見證了人脈如何幫助我在事業與個人成就上獲得成功。是的，這聽起來可能很嚇人且需要花時間建立，但人脈眞的很重要。這是協助你找到關鍵人物與機會最有效率的方式，他們能夠讓你更精進、職涯發展更順遂並找到新方向，從中獲得更多成長與成就感。這也能幫助你思考是否該離開現在的組織。

我見過很多「人很好的女孩」在拓展人脈時覺得坐立難安。我所輔導的對象會用「勢利」來描述，彷彿社交是有目的性地去占另一個人便宜，這讓他們覺得自己不眞誠也不自在。

如果你對於拓展人脈感到矛盾，請記得你並不是在利用任何人或是替自己著想才與人見面。拓展人脈網絡是雙向的，或者更精確地來說，照字面上的意思，這其實是在拓展一個聯結的網絡，當中不只魚幫水，水也幫魚。

新創公司 Spotted Media 的執行長珍納特．卡曼諾斯（Janet Comenos）最近跟我分享了一個絕佳的例子，當你幫助了他人，最終也會助自己一臂之力。這也是一則深具啟發的故事，證明爲什麼「人很好的女孩」通常會更早也更容易成功。她參加了一場社交活動，心中覺得有點內疚，因爲她本來應該要準備一份募資簡報的（是不是很耳熟？），她注意到有一名年輕男士獨自站在角落，沒人跟他說話，因此珍納特抱著善意走上前去。後來她才知道原來這位年輕人正在尋求業務方面的建議，而這剛好是珍納特的強項，他詢問珍納特是否願意到他公司來跟團隊聊聊。即便珍納特是個大忙人，她還是答應了，並且撥出了兩個半小時給對方的團隊。

珍納特很高興能夠這麼做，因爲她在創立公司時也曾獲得許多貴人的協助，因此像這樣的情況都會被她視爲優先事項。而這件事情最後也對珍納特自己有所助益，因爲這位年輕男士十分感激，便介紹她兩個人脈，一個是爲珍納特公司建立平台的企業，而另一位則在後來成爲珍納特此輪募資的首席投資者。這個絕佳例子告訴我們建立人脈網絡的重要性，能讓參與的各方都獲得所需，同時這當然也展現了自內心散發的良善有多麼重要！

如何讓高層招聘人員知道你的名字

與招聘人員建立良好的關係可以協助你找工作、基於其所提供的市場數據談到更高薪資，甚至還可以點出你可能未曾想過的機會。但究竟要怎麼與他們聯繫呢？

事實上這並沒有想像中那麼困難。記住，招聘人員的工作很依賴他們自己的人脈網絡，因此他們也會很熱衷於認識新面孔。以下這三個非常簡單的方法可以拓展像這樣的人脈：

1. 查出你所屬領域的前幾名招聘人員，透過領英（LinkedIn）網站上面的共同關係與他們聯繫。
2. 透過詢問朋友或同儕來查出所屬領域的前幾名招聘人員。每次跟同事吃飯或喝咖啡時問他們：「我想跟招聘人員建立關係，你有認識任何推薦的人選嗎？」

3. 參加所屬領域的相關研討會。這通常也是招聘人員會去發掘人才的場合。

▣ 有意識地拓展人脈網絡

當你在拓展人脈網絡時，爲確保你做的是有效的，可以依下列特定的方式進行。

1. 別害怕開口爭取

最近有一項關於男性與女性的調查，研究員發現女性在拓展人際網絡時，往往比較不會規劃目標[35]。她們把重點放在找尋跟自己相同背景的人並與之結交，而男性則是十分直接地接近某人，坦率地說出自己想要什麼。

「男性參加這些社交場合時，通常較清楚他們想達成什麼目標，僅僅專注於工作上的需求。」燈塔遠見計畫（Lighthouse Visionary Strategies）的凱西．戈達德（Cathy Goddard）如此說道。她多年來都在舉辦社交相關團體活動。「女性通常會採取比較無私的方式，總是會想到自己能夠給對方什麼。她們猶豫著不敢向對方提出心中所要的，而男性則可以自在地直接說出他們的需求。」

替他人著想其實沒什麼問題，對於你想結交的人，只要你不會陷入不斷付出卻從不要求回報的陷阱裡就可以了。記住，所謂的人際關係網絡是雙向的，你這邊也應該有所獲得才對！請清楚表明自己的志向，並「詢問」對方你可以提供什麼樣的價值。

舉例來說，在最近每一場我所參加的會議中，我都會問道：「我接下來要開始為新書規劃行銷活動，我再回來找你，到時請給我一些協助。」而這句話我通常會依不同對象而有所調整。如果對方在大公司任職，我會說：「等這本書出版後，我很樂意去貴公司分享這本書的內容。」如果是記者，我會說：「如果你能報導此書的話就太棒了。」許多人都會正面回應我，同時提出他們的想法告訴我該如何幫上忙，但如果不是我先主動詢問的話，他們可能根本不會想這麼多。

2. 讓你的人際網絡更多元

男性和女性都傾向建立更趨向自身性別的人脈[36]。我們會吸引像自己的人靠過來，這是宇宙間的自然法則，但你可能因此沒把聯結一路向上延伸到上位者（通常是男性）而錯失很多機會。《哈佛商業評論》一項新出爐的研究顯示，與男性相比，一般企業之所以較少女性位居高位的原因之一，是因爲女性比男性更少機會在一開始就打聽到職缺所致[37]。

「位居組織高位的男性較多，因此結構上他們也比較容易得知職缺或機會，接著再把訊息傳遞到他們的人際網絡。」在喬治華盛頓大學（George Washington University）社會學系研究企業招聘與求職流程的教授麗莎．陶樂斯（Lisa Torres）如此說道。換句話說，男性會在其主要爲男性的人際網絡中傳遞職缺的訊息，因此等到消息傳到女性耳中，中間早已經過許多位男性了。

爲了要平衡這樣的遊戲規則，我們必須把更多男性，尤其是男性高層，納入我們的人際網絡當中，並清楚表明我們的興趣和能力，如此一來當機會降臨時，這些男性馬上就能聯想到我們。你的人際網絡中有多少男性？有誰可以協助你與更多人締造聯結，尤其是那些可以幫助你更精進的是誰？

我生命中最重要的幾位心靈導師都是男性，從可口可樂的拉莫．契斯尼（Lamar Chesney）到 Moviefone 的亞當．斯拉特斯基（Adam Slutsky）以及時代公司的保羅．凱恩（Paul Caine）和大衛．蓋特納（David Geithner）。拉莫曾在我身上賭了一把，拉拔我擔任一個從資歷上來看我絕對不夠格的職位。亞當鼓勵我轉型做數位媒體。保羅和大衛是時代公司的兩大山頭，與公司執行長和其他高層關係非常好。他們很早就知道公司要進行重組、哪邊有新的機會，而身爲他們身邊的人，我當然也會從這些早一步的訊息中得利。

當然，我並不是要你忽視同儕中的女性才能擠到上位。我最重要的優先次序之一，就是提拔女性到我的人際網絡中並爲其發聲。如果有更多人投入這麼做，長久下來，我們就可以平衡男性與女性在領導職位上的比率。

▣將拓展人脈付諸行動……………………

爲了要讓你理解如何從辦公桌前起身開始付諸行動，讓我們回到艾麗西亞身上。之前提到艾麗西亞發現自己的處境艱難，她的人脈不足，又身處於剛被併購的廣告公司，她的工作看起來岌岌可危。於是她來找我，希望能在找工作上獲得一些幫助。以下就是她用來開始拓展人脈的三個步驟：

【第一步】想好人脈網絡策略

首先，我們談到所謂拓展人脈有兩種，一種是**開放式的拓展人脈**，一種是**有目的性的拓**

展人脈**。開放式是指建立網絡的聯結，而目的性則是明確地找出人脈中某一位能夠幫助你獲取所需的人。想要成功，這兩種拓展人脈的方式得雙管齊下。然而，如果你之前沒有發展人脈網絡，幾乎不可能只針對某一個人來進行目的性的人脈網絡拓展！

我請艾麗西亞想一下在她認識的人當中，有哪些人的工作是她所景仰的。雖然艾麗西亞的人脈網絡規模不大，但她還是有些認識的人，只是需要找出這些人是誰並開始與其聯繫。她開始畫出心智圖（mind map），將她有的人脈聯結都畫出來，並將這些人所聯結到的人也填上去。

艾麗西亞的心智圖幫她找到了一個起點。接著，一個有力的「間接介紹」（也就是由共同認識的人幫忙介紹）讓她從圖上的某個人連到了另一個人。對於忙碌的人來說，間接介紹可以說是建立信任的快速方法。如果你透過共同認識的人被介紹給對方，這位中間人某種程度而言也是爲你背書。如此一來就不太會收到「已讀不回」的冷回應，同樣地，如果是你收到這樣的間接介紹，相信你也不會不理不睬。

如果你想知道該怎麼請別人幫你引薦，這裡有封我最近收到來自一位年輕女性的信，我認爲這封信的用字遣詞非常得體有效：「哈囉，法蘭，展信愉快。會主動與您聯繫是因爲我對於〔公司名稱〕的〔職缺〕很感興趣。我注意到您和該公司的〔姓名〕有所聯結。我想知道您和這位人士的交情是否足以請您轉傳我的履歷給對方。我知道人脈關係在求職過程中相當重要，因此如果您能夠幫我締結這個聯結的話，我會非常感激。」

我回信給她：「是否可寄一份附上履歷的電子郵件讓我轉寄給她？很高興可以幫上忙！」然後，就這樣，這名年輕女性獲得了我的間接介紹，將她引薦給夢想中的公司的重要人士。

在擬好心智圖與策略後，接著就要設定拓展網絡的目標。你想認識什麼樣的人？目的是什麼？你多久「出門交流」一次？以及你拓展人脈時有多少比例要靠科技協助，有多少則是要用傳統面對面的方式進行？

當艾麗西亞決定將拓展人脈當作第一優先事項後，她將目標訂在與頗負盛名的廣告專業人士碰面，這個人可能會成爲她的心靈導師並爲她介紹機會，讓廣告業界聽到她的名字時會覺得她是值得認識的一個人，進而僱用她。她決定告訴她在公司裡最親近的夥伴湯姆（Tom），她已決定要向前邁進（當時湯姆早已領到遣散費離開公司了）。

艾麗西亞請湯姆不只私底下可以把她介紹給業界的大老，如果有業界相關活動也可以邀她去，甚至是「越級挑戰」都沒關係。這需要一些勇氣，但湯姆在過去與艾麗西亞共事的十年間相當倚重她，因而樂意幫她。湯姆的人脈網絡相當龐大，與業界幾位呼風喚雨的人士關係良好。

但艾麗西亞不能只仰賴湯姆的人脈，她也需要找到還有哪裡可以拓展自己的聯結。像領英和產業特有的線上社群等科技平台就能夠做到，而且也應該成爲你拓展人脈策略上的好幫手，還有研討會、產業活動、見面會也都是。訂閱你感興趣的產業相關的電子郵件與線上群組通知，許多研討會和活動都會有各自的社群網絡團體。加入這些團體，關注大家的活動，親身參與其中。

的確，不是每個產業都會有頻繁的研討會或見面會。但你要努力找機會「露臉」，參加講座、閱讀書籍、找機會與這些人親自碰面。你也可以考慮建立自己的社交群組。我告訴艾麗西亞，有位我認識的女性組織了兩個不同的群組，和自己同樣有企圖心的年輕女性一起聚會。其中一組規定不能討論與工作無關的話題。而另一組被她稱爲「向後放鬆」組（lean back），不准討論工作相關的事。艾麗西亞很喜歡這個想法，自己也組了兩個群組。

除此之外，艾麗西亞也發現有不少社交群組聚焦於她所屬的產業，包括紐約廣告業女性群組（Advertising Women of New York），她也開始參加她們的聚會。一旦她知道自己應該與誰見面，湯姆和其他人便開始幫她做間接介紹，艾麗西亞也規定自己要撥出足夠時間來拓展人脈。她知道這一定得是第一優先事項，否則她就不會去做。因爲她必須迎頭趕上，且時間緊迫，所以她決定每天要花一小時來進行人脈拓展。

【第二步】提高能見度

「被看見」的意思是指實際出現（或是網路聚會時連上線），但這也表示你得做得更多。如果你參加一場聚會但整場都站在角落盯著自己的飲料，那麼沒有人會注意到你。更糟的是，他們可能注意到你並留下負面的印象。如果你生性害羞，則需要很大的勇氣來讓自己自信地露臉，並讓大家意識到你的存在。你可能會很訝異，但其實我本身是很內向的人，因此我知道這有多麼困難。

艾麗西亞決定不跟朋友一起去這樣的聚會，因爲她知道她可能會整場都只跟朋友聊天而不去認識任何新朋友。她依循了我給她的一些破冰技巧（如下），也事先準備了可以派上用場的話題。而且因爲她知道自己可能會因爲想幫助別人而忘記自己的目的，於是她向自己發誓，一定要很清楚明確地跟每個她所交談的人提到這件事：她正在廣告界中尋找新的契機。

引言與破冰的實用技巧

我知道參加活動有多麼可怕，更何況是對完全不認識的陌生人介紹自己。要自在地談論自己而不覺得是在自誇或愛出風頭有點難。因此對我來說，想辦法發展出特定的自我介紹策略變得相當重要，這讓我得以真誠地介紹自己並順利破冰。以下是我的幾個技巧：

1. 讓談話主題與他們有關

這個技巧對於「人很好的女孩」來說特別有效，因為她會發自內心地對別人感到好奇，也不想讓對方覺得她在炫耀。如果你很害羞的話，這招也很有用。你只需要想好如何開始問問題或給予反饋，接著讓對方講就可以了。如果可以，盡可能事先做好功課，看看來參加聚會的人當中有誰是你想要認識的。然後試著用下列幾句來開場：

- 「我在○○上曾讀過你正在做的事，真是振奮人心。可以多跟我分享嗎？」
- 「我一直有在關注你的職涯發展，是你的頭號粉絲。」
- 「最近這陣子工作上有什麼令你興奮的事情嗎？」
- 「我們上次見面的時候，你正在做○○。之後的進展如何呢？」

即使你不認識活動中的任何人，只需稍微改一下問題，這個策略依舊有效：

- 「你怎麼認識主辦人的？」
- 「你今天怎麼會來到這裡？」
- 「這是你第一次參加這樣的活動嗎？」

2. 找到彼此的共同點

如果你事前有做功課（而且你應該這麼做），很可能會發現你與想要締造聯結的人之間有共同話題。如果是這樣的話，這將會是很棒的開場白，例如：

- 「我發現我們都喜歡莎莉·史密斯（Sally Smith）。她真的很棒，你怎麼認識她的？」
- 「我從領英上發現我們念同一所大學！你在那裡的經驗如何？」
- 「我發現我們都從事數位媒體業，近來最令你興奮的趨勢是什麼？」

3. 請別人介紹你

如果你認識主辦人或其他出席聚會的人，可以問他：「你覺得我應該要認識誰？」他很有可能會主動將你介紹給一些人。如果沒有，請對方這麼做有何不可？

如果他建議你與某特定人士碰面，你可以這麼回答：「這真是太棒了，謝謝。你介意替我引薦一下嗎？」面對面的介紹與透過電子郵件的間接介紹一樣（或甚至更）有價值。

如果你是透過網路拓展人脈，那麼「被看見」的意思就不只是閱讀網路論壇文章，也要留言並參與其中。你得在臉書、推特上面追蹤他人並回應他們，與其互動，在部落格留言等，用你發自內心的親切與他們產生聯結。我的朋友泰瑞莎．納美桑尼（Tereza Nemessanyi）是微軟的派駐企業家，她成功地從顧問管理公司打入科技業，所用的策略就是她所謂的「一百場活動，一千則評論」。

泰瑞莎在她想要進入的產業的網路世界中很活躍。隨著她逐漸認識這些主要關鍵人物，她也開始在部落格上面留言，爲自己訂定要完成一千則評論的目標，她認爲達到這個數字就足以讓自己在該社群被看見。她在那段期間同時也訂下要參加一百場產業相關活動的目標，包括見面會、募資活動，甚至還參加了一場光入場券就要上千元美金的研討會，但她事先致電給主辦單位表明她願意擔任大會志工，希望能有機會免費入場。很快地，這些活動又衍生了許多在咖啡廳的談話，她也把這些談話納入達成目標的一百場活動內。而她在微軟的現職則證明她的策略奏效了！

當然，還有許多方法能留下完美的第一印象。不久前，我在一場大型研討會中演講。演講完畢後，一大群人靠上來想認識我，但其中有一位女性脫穎而出。她的臉上掛著大大的微笑，相當從容的氣質，且充滿自信的能量。她手中拿著一個禮物袋：「嗨，法蘭，我是來自 My Social Canvas 的麗莎．梅耶（Lisa Mayer）。」她伸手跟我握手時說道：「我知道妳一直以來都十分支持鼓勵年輕女性和女孩的計畫。我目前在做的事情相當振奮人心，我很想與妳分享。」然後她就把禮物袋遞給了我。

麗莎之前曾透過電子郵件與我聯繫，但當時我太忙了，沒有機會與她見上一面，而隨著我開始了解她在做的事，我變得很期待。她給的禮物袋就是她公司所做的項目之一，她需要有專心致力於女性議題的非營利夥伴加入，因此我引薦她認識 WomenOne 的黛爾．哈頓（Dayle Haddon）。

她們一起爲麗莎的 My Social Canvas 的設計師們打造了類似《決戰時裝伸展台》（*Project Runway*）那樣的比賽。這個創新企劃名爲 #Design4HerEducation，請到名人擔任評審，包括超級名模克莉絲蒂．杜靈頓（Christy Turlington）、女星凱莉．魯瑟福（Kelly Rutherford）、以及時尚設計師凱瑟琳．瑪蘭蒂諾（Catherine Malandrino）。麗莎運用了自身的親切和善出現在我面前，吸引了我的目光，也因此推動了她的事業。

就像麗莎一樣，當你每天出現在工作場合、派對、咖啡廳談話、志願服務的崗位上時，都要展現自信從容的臉龐，積極認識新朋友，主動介紹自己，告訴大家爲什麼你會出現在那裡。露臉是爲了強調存在感，也是爲自己發聲。

你是否很害羞？不確定要說什麼？向剛認識的人自我介紹時，不確定自己能否像麗莎那樣從容有自信？請找位朋友進行角色扮演，在鏡子前面練習，或甚至參加公眾演說課程來增進你拓展人脈的技能。

【第三步】締造個人聯結

除了用本身的魅力與親切吸引我的注意，麗莎也做足功課確定我正是她所要接近的人。如果我對她在做的事情不感興趣，再多的禮物袋也沒有用。然而，她卻計畫好要與我締造聯結。當你在進行「有目的性」的拓展人脈時，你可以而且也應該要這麼計畫。

請注意麗莎有先做功課，知道我所關注的議題是哪些。背景資料的研究很重要，艾麗西亞在找尋廣告職缺的時候也做了同樣的事。一旦她的前主管爲她間接介紹了其他人，她便花時間上網搜尋每一位的背景，思考她該如何向對方證明自己的眞正價値。

在你參加任何社交活動之前，要事先了解該產業的最新消息，最好是固定追蹤產業消息，對這些消息有所準備，隨時可以討論你所讀到的議題或提出問題。如果你是要跟特定人物見面，也請確保事先有看過對方的臉書、推特、領英和部落格。這樣的準備工作可以讓你自信地參加聚會。

如果你依舊對於在拓展人脈時主動詢問感到不安，那麼可以轉而思考如何協助對方。當我在拓展人脈時，總會試圖看看有沒有任何可以協助的地方。如果是跟剛認識的人一對一聊天，我可能會直接詢問：「有沒有什麼我可以幫得上忙的地方？」在比較輕鬆的場合或大型活動上，我則會覺得合適才詢問。提供協助與討好對方不太一樣，這麼做讓我有機會在事後的聯繫上更爲自然坦誠，即使在第一次接觸後沒有更深入的交流，我依舊建立了有價値的網絡。

在依循上述技巧幾個月後，艾麗西亞遇見了一位剛成立廣告公司的女性，她對於艾麗西亞帶領創意團隊的經驗印象深刻。她邀請艾麗西亞加入她的公司。現在艾麗西亞很享受她的工作，但她也學到了教訓，持續參加各種拓展人脈的活動，讓這個網絡得以擴大成長，這樣一旦未來風向改變，她再也不會覺得自己在風雨中飄渺了。

串聯機緣

所謂職涯的成功已不再侷限於你花了幾個小時坐在電腦前埋頭苦幹，而是你與其他人締造聯結、融合外界觀點與引導團隊的能力。這些是在當今聯結至上的世界中相當關鍵的技能，因爲沒有任何事物存在於眞空狀態。也就是說，將創意構思、商業能量與獨立個人串聯起來相當重要。當你將自己在拓展人脈時所學的一切事物一一釐清，便能將這些機緣串聯起來。舉例來說，當你發現了一個新趨勢後，便到你的人際網絡中去尋找合作夥伴，一起協力創造出新的產品。

身爲一位「人很好的女孩」，**只要你離開辦公桌付諸行動，就會享有許多優勢**，因爲許多串聯得運用你花了一輩子時間發展出的人際溝通技能來執行。但如果你不投資自己並拓展人際網絡，就不會有能夠串聯這些機緣的經驗與洞見。

我會投入數位產業要歸功於成功串聯了這些機緣。一九九八年時我擔任可口可樂紐約分公司的財務主任，當時我三十歲，正在一間世人所憧憬的公司引領超過一百人的團隊。我當時並沒有想過要離開可口可樂，但有一天，我接到來自資深招聘人員的電話，是關於 Moviefone 財務部門資深副總裁的職缺。當時我不知道 Moviefone 是什麼，之後才了解它是以手機爲主的電影時刻表與電影售票服務（亦稱爲 1-800-777-FILM）。

在與招聘人員的對談中，我最感興趣的是Moviefone計畫要拓展到網際網路事業，它會是第一個在網路上提供電影時刻表與販售電影票的公司。那是九零年代末期，也是消費者開始把購物或娛樂等活動轉向網路平台進行的時候，我看到了一個相當令人振奮的機會。因此我同意與Moviefone的共同創辦人兼營運長亞當．斯拉特斯基見面，我們一見如故，也覺得我可以從他身上學到很多關於網路空間的事物。我認爲這個新的職位會讓我有機會嘗試除了財會領域之外，更貼近實業家的各種面向。

要在像可口可樂這樣的大公司從財會轉到行銷，就算不是絕無可能，也絕對不容易。而在剛起步的公司，彈性會比較大。我在可口可樂的同事們覺得我瘋了才會離開如此穩定的公司，但我很高興自己做了這個選擇，因爲這開啟了我進入數位產業的新篇章。回顧過往，我覺得自己能夠辨識出這是個機會的根本原因在於，我並不只是埋首苦幹，我也與招聘人員有所聯結，同時也聚焦在產業趨勢上，最後把這些機緣都串聯在一起。

之後當我在時代公司任職時，我告訴團隊只要有可利用的商機出現，或需要解決重大困難時都可以找我討論。每當他們出現在我辦公室門口，我的第一個問題通常都是：「你有跟公司外部的人談過了嗎？」我們不需要從頭自己來，可以找找其他公司的最佳範例是什麼？他們在這個領域都如何處理？不要因爲花時間在公司以外的地方而覺得內疚或不忠。

記住，你所獲得的資料也是在幫公司一個忙。積極去參加研討會、與人喝咖啡談天，之後帶著這些新想法回到公司，還能爲公司添加更多價值。因爲你投資了自己，拓展了人脈，也將這些機緣都串聯起來了！

FOCUS

重點回顧

- 你一定要找時間投資自己與你的職涯。這並不是自私，反而對你所任職的公司來說也是好事，因爲你會帶來額外的價值。
- 在工作之餘培養興趣，爲自己的未來播種。
- 在拓展人脈時，除了聚焦於彼此的關係，也要清楚自己「所求」爲何。
- 承諾自己要固定從事社交活動，包括拓展人脈的咖啡廳聚會、午餐時間或一起喝一杯。是的，這會花時間，但這很重要。
- 將「投資自己時」與「拓展人脈時」所獲得的技巧與資訊串聯起來。

CHAPTER

8

設立界線但同時關心他人

我在可口可樂公司任職時，只要有任何最後一分鐘才出現的任務或需求，我總是第一個舉手自願加班完成的人。當時，我單純覺得這樣很好，因爲這顯示出我的企圖心以及對公司的貢獻。其實整體來看，這的確是好事。像那樣挺身而出，的確幫助我很快被看見，但這麼做的同時，我卻沒有注意到因爲總是自願處理緊急需求而創建出來的期待。

有一天傍晚下午五點左右，我正在跟整個部門開會，我的主管剛接獲執行長的指令，要我們當晚整理出一份報告，執行長要在隔天一早拿到資料。而這次，主管沒有詢問有誰要自願，直接轉頭問我：「法蘭，妳今晚可以加班完成報告嗎？」有那麼一瞬間，我感到十分困惑，不太確定要怎麼回應他。我赫然發現原來我「太配合」了。由於過去我一直表現出能多接任務的意願，所以已爲自己設下許多先例，因此現在主管認爲我隨時都有空。

當晚我留下來加班把報告做完，這不是世界末日，但我還是忍不住對此情況心生厭惡。除此之外，我也擔心下次遇到這樣的事情該怎麼辦，因爲我知道一定會再發生。當時抱著失落的心情，我向另一個部門的心靈導師諮詢，向她解釋了我的矛盾。她毫不猶豫地跟我說：「法蘭，妳需要訂出界線，不然其他人會吃定妳。」

這是我第一次聽到職場上有「界線」這個詞。我向心靈導師解釋我想要表現出體貼且樂於助人的形象，我也不希望別人覺得我很懶惰或不配合。她回答道：「我了解，但如果妳不在沙地上畫線，其他人會直接踩在妳身上。而且，妳的同事們都看見了。如果妳不爲自己挺身而出，他們也會跟著占妳便宜的。」

我很想說下一次主管要我做最後一分鐘的交辦事項時，我堅決地挺身而出捍衛了我的界線。但事實就是，我依舊如此，過了幾次之後，我才終於決定我受夠了。接著他又把我叫進辦公室，要我留下來加班寫報告。之前我跟心靈導師已經練習過如果發生這樣的情況該怎麼應對，因此我準備好要和善但堅定地回應我的主管，同時也在回應中加一點幽默的元素，讓這場可能會不太舒服的對話不至於變得太沈重。我是這麼說的：

「我一直很掙扎要怎麼跟您開口說這件事。過去兩週以來我有三次在最後一分鐘更動我個人的行程留下來加班。我男友都快跟我分手了！事實上，我在想這或許是個好機會，讓團隊裡的其他人也能站出來支援一下。」

我的主管一開始有點錯愕。然後他說道：「抱歉，法蘭，這都是我的假設。妳總是自願協助這類事情，我想我可能太習慣每次都找妳處理了。」

我知道造成這樣的情況我也有責任，但直到下週又有緊急待辦事務時，我才意識到眞正的情況有多麼複雜。這次，主管再度召集大家進會議室，然後要求我的同事喬許（Josh）留下來完成專案。一部分的我鬆了一口氣，但我也承認當時有點不是滋味，覺得自己被忽視了，我聽到的當下就擔心自己是不是錯失了一個表現的機會。可見我們都要小心自己許的願望，對嗎？

最後，我把質疑吞了下去，提醒自己應該要對自己的貢獻有信心。之後還會有很多機會再接下其他任務，不需要每次都是我來處理才能證明我的價値。從那次之後，主管開始平均分配工作，而我也對於鞏固自身界線這件事慢慢建立起自信。

這不是要你別主動挺身而出或自願承擔責任，尤其是在剛開始工作時，你會想要爲自己贏得好印象。但很重要的是，你得停下來看看自己與同事是否被平等對待。如果你被要求「支援一下」或「幫個小忙」的次數遠高過你的同事，那就得注意別被占便宜了。

在職場上設立界線是非常重要的，這可以幫助你減少不必要的任務，讓你能專注在眞正重要的事情上。如果沒有清楚的界線，則很容易因爲處理太多瑣事而忽略了眞正重要的事，尤其如果你剛好又是個想要取悅他人，永遠不會拒絕任務的「人很好的女孩」。

當然，這並不只侷限於我們的職業生涯。由於我們傾向將人際關係放在第一位，也會害怕因爲拒絕別人而被視爲自私或機車，因此在訂出界線並徹底執行的同時，又要維持我們的親切著實不容易。以下是我訪談過的女性們告訴我的：

- 「我發現自己眞的很難向人說『不』。但接著我就會壓力很大且變得很忙，無法一一實現我當初的承諾。」

- 「我在工作與生活之間的界線很分明，但我擔心別人會因此覺得我很不友善或很機車。」
- 「我忙著處理一堆無聊的行政雜事，都沒有時間可以專注在更大、更重要的專案。我該怎麼平衡兩者？」

設立界線的四方格模式

有了在可口可樂的經驗後，我漸漸學會在職場上訂出界線並維持這些界線。但這是我一直還在學習的領域，多年後，我的界線也再度受到莫大的挑戰。

我在領養了第二個兒子開始休育嬰假幾週後，當時公司剛任命了一位新執行長。有許多同事寫電子郵件跟我說：「妳最好回公司來，她正在與關鍵人物建立關係，而妳剛好錯過了。」

因爲怕自己錯過與新任執行長締造聯結的機會，我縮短了育嬰假的時間回公司上班。但後來我自我反省，覺得根本無須這麼做，這也不是很好的策略。我可以主動跟執行長聯繫，約她見面吃午餐來建立關係，然後繼續休我的育嬰假。但我卻讓自己不想說「不」的情緒主導了我的決定，因此我的界線整個崩落了。

我回到忙碌的工作崗位後，大兒子才十八個月大，而家裡還有一個新生兒。我忙到進入所謂的「交易模式」(transactional mode)——我透過不斷地把待辦事項劃掉來滿足自己的成就感，以致於我一直花時間在處理瑣事而忽略了重要的大事。舉例來說，我原本應該要專注在撰寫提交給高層的季報，但我卻一直拖延，把時間花在較不重要的枝微末節上。

當我跟心靈導師聊起我歇斯底里卻毫無產能的情況時，她很直接地點出問題：「妳需要決定哪些才是眞正重要的事。」我發現我陷入了當初在可口可樂同樣的困境，因爲無法訂出界線而深陷其中，只是這次是以不一樣的形式出現而已。我再度意識到，訂出界線並進行友善清楚的溝通，比起攬了太多事情再來後悔還要有效得多。

我在有明確計畫可以遵循的時候工作效率最好，因此一旦決定要努力訂出界線，便需要計畫一個可以迫使自己建立並執行的模式。這表示我需要立下一個目標，然後誠實地辨別自己該如何投入時間和精力。一旦我想清楚後就可以訂出計畫，將其他與這個優先次序無關的雜事先砍掉。

我坐在桌前，攤開一大張紙，然後畫出了兩條線：一條橫線與一條直線。在這切割出來的四格方塊中，我寫下在我生命中相當重要的四大領域，分別是：我、朋友與家人、事業和世界。接著，在每一個方格中，我列出前幾項與該領域相關的重要事項，並縮減到每一格只有三件事。我知道這可以迫使我拒絕其他事情，並鞏固好我的界線。我的目標就是讓這些優先事項占去我主要的時間（理想中大約是八十％），而剩下的時間則分配給一些需要處理的行政庶務。當我退後一步看了我的四方格，便清楚地發現行事曆上的待辦事項跟我列出來的優先次序並不吻合。我開始透過拒絕他人或是把一些事項授權出去，來調整行事曆中那些不符合的待辦事項。

漸漸的，這個四方格模式（four square model）成了我訂出界線並徹底執行的妙方。自從我開始使用這個方法，我花在每一個方塊的時間每個月都不太一樣。有幾個月我會比較著重事業，有幾個月則在家庭。每兩週我會檢視一下，確保行事曆上的事情與我列出的優先事項有吻合。而每一季我也會重新檢視全部的四方格，以確認是否有些優先事項需要做調整。我現階段的四方格看起來像這樣：

我	**家人**
● 心血管 ● 冥想	● 照護者轉換 ● 新的體驗
事業	**世界**
● 書 ● 投資新創公司的業績表現	● Girl Be Heard 募資者 ● 學區基金會計畫

當然，這是我的四方格，你的可能會很不一樣。試著思考目前生命中最重要的事情是什麼。事業（或是學業，如果你還在念大學或研究所的話）幾乎一定是四方格中的其中一個。其他三格可能會跟我的一樣，但也有可能是興趣、副業、可以帶來快樂又充滿熱情的專案、旅遊、社交或政治主張、繼續學習或一段特定關係等。

即使有了四方格模式，要平衡我的責任與心之所嚮仍需歷經許多掙扎，尤其以職業婦女來說。我常在訪問中被問到如何做到「平衡一切」或如何「每一項都涵蓋」，我誠實的答案便是，其實我沒有。但對於那些眞正重要的優先事項我會全力以赴，四方格模式幫助我定義出這些事情，並常常回去重新檢視這些事情是什麼。

我最近與一位名爲莎拉（Sarah）的輔導個案坐下來談過，她目前二十幾歲，在一家廣告公司擔任媒體規劃專員，我們一起畫出了她的四方格。莎拉的方格分別是：我、朋友與家人、事業、政治理念。我們開始聊起她最近的優先事項，她想要透過加入朋友父親的選舉團隊，進而在政治這個領域試試水溫，這位候選人要選的是她家鄉的市長。同時她也有一位很親近的朋友剛與交往四年的男朋友分手，接下來幾個月莎拉想要花時間陪伴這位朋友走出情傷。在事業領域上，莎拉發現過去沒有花足夠的時間建立人脈，因此她想要以此事爲優先。而她也有個人的健康問題得要放在「我」這一格。

接著，我們看了莎拉上個月的行事曆與待辦事項，發現她只花了大約四分之一的時間在這些她覺得重要的事情上面。因此她需要重新調整行事曆與待辦事項，這表示她得細細檢視要放棄哪些事。莎拉在朋友的教會青少年團體中做了許多社區服務工作，這讓她覺得很開心，但卻與她的優先事項不符。因此她決定要減少服務的時數，這樣才能專注在她想接觸的政治活動上。

我們也討論了她該如何減少花在參加各種青少年團體聚會和活動的時間，改以較爲簡單但仍具影響力的方式進行。她跟朋友說：「我的行程有點滿，但我還是想幫你。我認識當地的新聞編輯，可以將你引薦給他，這樣你們團體就可以獲得一些媒體曝光。」這使得莎拉在劃出界線的同時，仍爲他人著想且提供協助而沒有丟下任何人。

同時，在工作上，莎拉的一位同事正在推廣一項計畫，希望能重新翻修公司的咖啡廳，他也邀請莎拉加入。這占去她很多時間，但卻無法幫助她達成事業上的目標，因爲這個團隊裡並沒有任何可以幫助莎拉擴展人脈的人。我們談到莎拉可以不用丟下團隊空轉，但又能離開的方式。她知道公司裡有另一位朋友可以與團隊中的某人締結關係而得利，因此莎拉前去找她朋友，詢問她願不願意代替自己的位子。接著她再去跟組長說：「我很想幫你們，我也很感謝有此機會，但我目前需要專注於其他更急迫的事情。好消息是我找到了一個可以接替我位子的絕佳人選。」

為事業方格訂出界線

工作與人生的平衡對每個人來說都是一場硬戰，尤其是女性。雖然這是我很關注的議題，但卻不是本書的主旨所在。爲此，我推薦大家可以閱讀蒂凡妮．杜夫（Tiffany Dufu）所著的《放下》（*Drop the Ball*）與安妮－瑪麗．斯勞特（Anne-Marie Slaughter）所著的《未竟事務》（*Unfinished Business*）以得到更明確的建議。在此我只會聚焦於如何建立界線以保護你的工作時間，這樣你可以把大部分的時間花在事業方格中的優先事項上。以下是我覺得很受用的幾個技巧：

▣ 清楚你的目標何在

當我剛開始在寫四方格時，來到事業這一格，我發現自己想寫下一堆事。於是我逼自己縮減到三件事，這幫助我更清楚自己的優先事項是什麼：收購（找出欲收購的電商領域公司）、善用社群媒體以增加觀眾，以及達到我們的業績目標。

在開始訂定界線之前，根據公司與你個人的職涯目標，你需要清楚知道你的優先事項有哪些。這會幫助你決定哪些事情能答應，哪些要分配出去、拒絕或放後面再做。如果你不確定工作的優先事項是哪些，請把能想到的寫下來並跟你的主管討論。你可以試著這麼說：「根據公司的目標，這些是我覺得我應該要專注執行的，您看這樣對嗎？」

但不僅於此，你還需要知道每一個你所接下的任務如果成功會怎麼樣，這樣才能排出優先次序。如果你被指派負責一個專案，在初始會議上卻沒有具體討論出成功之後的情況，那麼請舉手發問：「這專案怎麼樣算是成功？做完之後帶給我們成就感的會是什麼？」像這樣正中紅心的問題，可以幫助大家將特定的目標具體化，對成功也大有幫助。

▣ 建立過濾機制

在我列出了要專注聚焦的三個事項（收購公司、社群媒體與業績收入）後，我認知到自己得想辦法將無關緊要的工作砍掉，才能將大部分的時間用在這些事項上。當時我正在時代公司帶領超過百人以上的團隊。要做好優先次序的排列，我得要建立過濾機制。

舉例來說，我決定只有在兩種情況下才赴約，一種是與公司的策略伙伴見面，另一種則是能帶來特定金額以上收益的某個潛在交易。如果是新創公司的創辦人想見我，那麼我的策略就是只跟執行長談，不然就是把這件事委派給團隊中的其他人去執行。

透過此機制所過濾掉的事項被我稱爲「不待辦事項」（to-don't list）。光是看這份清單就覺得重獲自由。如此一來，做決定和拒絕別人變得容易多了，因爲我只要遵循之前所訂定的個人規則就可以了。

在慈善工作上，我一樣用此方法來執行。我對於慈善事業相當有熱忱，所以很容易什麼都答應，反而讓自己的影響力因此變小了。當我發現自己竟然是三個不同募款委員會的總召，以及兩個組織的董事會成員時，我知道該是時候建立過濾機制了。我退一步審視，發現我在女性賦權這方面最有興趣，於是我決定在慈善事業方面要聚焦於這一類的活動。

釐清這件事對我來說相當有助益，我不用再爲了要做出抉擇而倍感壓力或覺得煩躁。最棒的是，這讓我得以用輕鬆而眞誠的方式來拒絕那些在過濾機制之外的請求：「這聽起來很不錯，但我已選擇要致力於女性賦權的相關組織，那是我覺得自己能貢獻出最多價値的領域。」

爲了創建自己的過濾機制，得先回到你在四方格中所列出的目標與優先事項。如果某場會議或任務會讓你有機會達到這個目標，那麼當然要去做。但如果不會，在拒絕之前先仔細思考這個請求是由誰發出的。如果是來自你的主管或在未來可能會對你有所助益的某位前輩，那麼也應該要答應，因爲這會幫助你擴展人脈。如果你正處於初階職位，我了解你不太可能拒絕其他人（例如你的主管）指派給你的任務。如果是這樣，這個過濾機制就可以幫助你決定日常待辦事項的優先次序。

一旦你開始施行過濾機制，最好也讓主管了解並認同。在他同意你所設定的目標之後，對於哪些才是最重要的任務，你們也應該要有共識。下次開會時，不妨這麼說：「我很想要確保自己有把時間花在對的事情上，但我發現我花太多時間在做X、Y和Z，而這些事並不會爲公司添加價值。我希望您知道我正在規劃減少這些事項，除非您認爲這些事項的價值比我認知的還要多。」

▣ 替你的行事曆圍上圍籬

一旦你知道特定的目標爲何，那麼捍衛你需要投入其中的時間就很重要了。我的方法就是替行事曆圍上圍籬，以保護我想專注在創意發想的時間。

在我從傳統工作者轉成自僱者後，這也變得相當重要。我所輔導的許多年輕女性若是顧問或自由業者，都有發現在設立嚴謹界線之後，她們得以最大化地利用時間，進而有所獲益。但這在同時面對許多客戶時可能會非常困難，尤其當他們每一位都覺得自己應該是你的第一優先順位時。

我所輔導的一位年輕女性是位行銷顧問，她跟我說她設定界線的方法就是一天只專心處理一位客戶的事務，而且在工作時不會收電子郵件，這個方法幫助她可以專心且更有產能。如果有什麼緊急事件出現，她會請客戶傳訊息給她，但只有眞正緊急且迫在眉睫的事情才算。在事前討論雙方對彼此的期待時，她會先講清楚這是她最有效率的工作方式。

對我來說則是：只要可以，從上午九點至十二點，我會切斷社群媒體、關閉電子信箱並將我的手機設爲飛航模式。你會很訝異在沒有被簡訊和社群媒體打斷的情況下可以做多少事。我也替每週的計畫圍上圍籬，在我有進公司的其中一天或兩天，盡可能地安排會議。另外，我也試著安排一整天完全不排會議或接電話，讓我能眞正專心研究我需要關注的大型專案。

如果你的工作環境必須即時回覆電子郵件，而無法執行上述這些方式，那也沒關係，你還是有些選擇。首先，你可以將電話設成「請勿打擾」，然後設定哪些人（例如你的主管）的電話或簡訊是你想要接收的。這麼一來，只有在主管找你的時候電話才會響起。如果你的主管通常都是用電子郵件與你聯繫，那麼你可以設定外出訊息：「我正在趕某專案的期限。如果事情很緊急，請傳簡訊至 XXXX-XXX-XXX 給我。」

或者也可以如此回覆主管的來信：「這個專案目前進展神速，我等不及要跟您報告進度了。我可以今天稍晚再回覆您其他的事嗎？」這樣一來便清楚且和善地說明你需要獨處以便專心工作。

■鳥瞰視角

週末時，我會審視接下來一週的行事曆，評估這些會議與電話是否和我的優先事項一致。如果沒有，那麼我就會做下列四件事的其中一項來找回重心：委派、取消、重訂時間或將會議縮短。

另一個方向是重新思考固定開會的意義。有許多會議之所以召開，只是因爲過去以來一直都是這麼進行的。花點時間看看那些你每週參加、重複出現的會議，問你自己是否眞的需要開這些會。如果會議不是由你召開，何不試著跟召集人聊聊？你可以說：「我發現行事曆上一直有這些重複出現的會議，大部分是在早上，但這是我工作最有效率的一段時間。有沒有可能將一部分會議移到下午呢？」

許多我所輔導的女性從來沒想過可以提出像這樣的提案，但無論如何，你不必害怕提出這樣的議題，只要這麼做的原因是來自你眞心想在工作上貢獻你的最佳狀態。

避免「不知不覺中累積」

我不斷從所輔導的年輕女性那邊聽到的，就是她們會商議彈性工作時數，或甚至是犧牲薪資以換取兼職的時數（像是只拿八十%的月薪以交換每週工作四天而非五天），但她們的工作時數依舊沒有減少，最後她們還是像全職員工一樣工作，卻沒有換得應有的報酬。她們不知道怎麼提出這個問題，怕被當成自私或懶惰的人。

當然這是個很棘手的情況。我總會提醒這些女性要即早防範於未然，要設立期望值以免主管習慣她們二十四小時都有空，然後哪一天當她們減少時數反而被怪罪。這就是為什麼界線很重要，尤其如果你的工時很彈性或是一名接案工作者。如果你談好了一個彈性的工作時數，要馬上利用此章節前面提到的技巧為自己立下清楚的界線，然後努力維持這些界線不被打破。如果你發現工作時數開始增加，請趕快跟主管回報：「我想要跟您談一下之前約定好的每週工作時數。」

我了解你擔心這會對你不利而覺得難以啟齒，但別忘了，當初你的主管也同意了這件事，並且基於這個界線僱用了你。你其實是好心提醒他要繼續維持不要打破這個界線！

劃掉那些花時間的事

當你開始列出「非待辦事項」清單時，請確保那些花時間但又與優先事項相違背的瑣事都有被列上去。如果你不確定有哪些事，請花幾天記錄你的時間都用在哪裡。接著看著你的時間記錄表自問：**「有哪些是我可以委派給別人、刪除或甚至交換的？」**

我所輔導的許多年輕女性都會跟朋友或認識的人進行交換。舉例來說，一位剛從法律系畢業的年輕女孩，請她一位網站設計師朋友爲她剛萌芽的律師事務所架設網站。她用來交換的條件就是幫朋友檢視與客戶的新合約。我覺得這是個很棒的方式，可以用較低的成本將待辦事項委派出去，換得你更喜歡或是較容易上手的項目。

雅莉安娜・哈芬登（Arianna Huffington）在其著作《從容的力量》（*Thrive*）中提到她學著處理待辦事項清單上項目的方式，就是直接不做。我覺得這個想法很棒。我們有很多覺得「應該」要做的事，但我們眞的需要做這些嗎？如果你列出了要做的事卻一直沒有完成，或許正是因爲這件事其實與你的優先次序相違背。如果是這樣，請直接把它從你的清單上劃掉吧。這樣一來你可以釋出更多時間貢獻給眞正重要的事情。

舉個例子，當我在時代公司時，我的待辦事項中，有一項是要調整發給團隊使用的週報格式，但我一直沒有時間完成這件事，總有其他的事情會排在前面。最後，我發現這是因爲報告的格式並不重要，這是一份內部文件，報告的內容才是關鍵。因此我毫不猶豫地把這件事從清單上劃掉了。

如何「委婉拒絕」

看到這邊，對於如何劃出界線與訂定界線你應該已經有些概念了。接著，我們要努力維繫這些界線。有時當一個需要花時間的需求出現，它可能落在界線之外（換句話說，根據你所設下的條件，它已經被過濾掉了），這表示你得說不。

許多「人很好的女孩」會爲此感到掙扎。她們不知道如何在不傷害彼此關係的情況下拒絕對方。我承認，直到最近這都還有在我身上發生過，當我試圖避免拒絕別人，最後情況反而更糟。

一位公司創辦人最近透過共同朋友與我聯繫，我接了這通電話，接著他請我幫忙介紹我人脈裡的某個人給他，我也做了引薦，但接著他又要我再介紹其他人。

到目前爲止，我對他的幫助都還是我覺得舒服的範圍，但我不想再繼續花任何時間在他的公司上。然而，我沒有直接對他這麼說，我必須很丟臉地承認我故意忽略他的電子郵件，希望他可以懂我的暗示，因爲我不想直接拒絕他。但幾天之後，他又再度寫信告訴我，他很感謝我到目前爲止的協助，希望我可以繼續爲他介紹一些人脈。他同時也詢問我是否有興趣加入他的公司擔任正式顧問。

這就迫使我必須要跟他說清楚了。我回信道：「感謝你提供機會讓我可以接觸到這麼棒的公司，但我得減少顧問時數以專心寫書，因此目前無法接受你的提議。還是祝你一切順利。」請注意我用「感謝你」而不是「我很抱歉」。他也客氣地回了信，我覺得很感恩。這次的互動再度強調了有時候「委婉拒絕」是可行的，而且比完全不回應更好。

有許多方法可以傳遞「委婉的拒絕」。在此章節你已讀到許多範例，而我也持續在學習如何和善但清楚地表達我的界線。

派特．海德里（Pat Hedley）是一位顧問與投資者，她最近跟我說：「每當我被要求做一些我無法以最高品質去完成的事情，我就會說『我沒辦法答應，因爲我沒辦法撥出這件事要成功得花的時間與精力，我也沒辦法拿出最好的表現。而我不想讓你們失望或讓大家期待落空。』我寧願拒絕也不要把事情搞砸。當我從這個角度切入，大家會理解並對我拒絕的原因抱持感謝。」她說得眞是太對了。

這裡有些「委婉拒絕」可用的說法，以確保你能同時維繫工作上的界線與人際關係：

- 「我很想幫忙，但我現在正專心於……」
- 「感謝你想到我，我很樂於與你合作，但我下個季度的工作全滿了。下次有機會請再想到我。」
- 「我希望我能幫上忙，但我不確定自己是不是合適的人選。你需要的是聚焦在……的人。」
- 「我覺得做X部分我會比較自在。我認爲Y方面的專家來處理會有效率得多。」
- 「我很想跟你見面，但我最近都在忙著創業。我們等入夏之後再聯繫好嗎？」

為你的「拒絕」負責

你可能有注意到近年來媒體的一個強大趨勢，就是告訴女性要仗義執言、追求夢想、挺身而出並勇於答應。與過去幾個世代的女性所接收到的訊息相比，這的確是大幅的進步，但有時候卻不是那麼務實。事實上，這類額外的激進鼓勵有時會讓女性覺得遇到任何機會都該答應，否則就會錯失良機，或可能會變成負面的女權主義者。你深受錯失恐懼症（FOMO）所苦嗎？然而，**事實是，有時候拒絕就是最好的選擇，即使這表示你要回絕一個天大的好機會。**

我在寫這本書的同時，有三間公司希望我可以前往擔任營運職位。我得坦誠地說，我的虛榮心會幻想如果接受了其中一間，其他人會有多麼崇拜我。但我還是忠於自己的內心，花了點時間想像如果答應的話每天會是怎樣。我每天光是單程就會花超過一小時進入紐約市工作。在那些不用加班的夜晚，我大約只有三十分鐘的時間可以陪伴孩子們。而在需要加班的夜晚，我則完全見不到他們。這不是我要的，至少現在不是。雖然這很難決定，但我已學會為自己的「拒絕」負責，因為我知道

Achieving a Career You Love

情況可能會改變，未來某一天可能會有適合我的機會出現。

我不覺得我是在家庭與事業間做抉擇，也不是在提倡女性要在家庭與事業間二選一。這並不是兩者只能擇一的情況，但我同時也不想要用那句老話來鼓勵大家「魚與熊掌皆可得」。事實上，我們應該追求的並不是兩者兼得（不管實際上到底是指什麼），而是要重新定義投入事業的涵義是什麼。對現在的我來說，投入事業並不等於進入大公司工作。（我也知道自己很幸運能夠有決定權。我花了二十年以上的時間，才達到現在這樣能夠為自己量身打造想要的事業型態。）

在《挺身而進》（*Lean In*）這本書中，雪洛．桑德伯格（Sheryl Sandberg）鼓勵女性要創造更遠大的事業目標，我同意這一點。但首先我們必須重新定義所謂「遠大的事業目標」是什麼意思。**有時候，當你在為自己下定義時，拒絕才是對的決定。**

答應與拒絕之間的甜蜜點

你可能常常要答應或拒絕需要花時間、精力或提供專業的請求，但我也發現其實在這兩者之間還是有許多可以提供協助的空間。你可以這麼說：「我現在沒辦法答應，但我可以……。」這往往就是兩者之間的甜蜜點（sweet spot），讓你提供價值但不需要付出過多。隨著時間的累積，我也越來越能自在地採取這個方式，也發現這是得以付出並同時保有我個人時間與界線的完美結合。

我最常在工作中使用到這個技巧，但在許多不同的狀況下也一樣可以這麼做，最近一次就發生在我兒子學校的家長會上。今年他們請我擔任年度募款晚會的副主席。但我知道我去年所負責的拍賣會對我來說會比較得心應手，因此我告訴他們：「我想我最適合的角色應該是再次負責拍賣會。拍賣會的工作很繁瑣，但去年我已經把流程都摸熟了，而以我的工作和人脈，要獲得捐贈品也比較容易。若能與去年合作過的女士再度聯手，我有自信我們會組成一個很棒的拍賣委員會，目前我手邊也有一些新的媽媽們想加入。我想整個晚會應該要由一至兩位副主席協助進行，而拍賣會這部分我可以擔任窗口。」

家長會副會長的回應讓我忍不住微笑，他說道：「我完全理解。事實上，我也從妳這裡學到一兩件事：當妳清楚地知道妳忙不過來時並沒有照單全收！拍賣會交給妳，我很放心。」

爲了讓你更清楚該怎麼做，下列是我不確定要答應還是拒絕時所做的回應。它們可以應用在各種場合中。重點是我會努力尊重他人，提出另一個跟原始請求比起來較不花時間的替代方案。

●**身為心靈導師（當一位年輕女孩邀我跟她喝咖啡欲請教問題時）**：「我想邀請妳參加我接下來的團體輔導活動。我們會有十至十五位女性一起聚會，在這時候往往會有神奇的事情發生。」或者我會說：「我很想去，但我現在正埋首於工作上一個重要的專案。我們可以一陣子後再約嗎？」（然後等對方之後再跟你聯繫。）

●**身為人際關係網絡提供者（當某人要我介紹我的人脈給他們時）**：「我很樂意介紹你，你可以寫封電子郵件介紹你自己以及你想談的主題，好讓我轉寄給他嗎？」

●**身為應徵者（當聘僱經理或招聘人員提供一個你不想要的職位）**：「這份工作對現在的我而言並不適合，但我有想到兩個絕佳人選。我很願意幫你和對方締造聯結。」

●**身為顧問（當一位創辦人想跟我見面時）**：「我在寫書的這六個月先暫停對外的正式顧問服務，但如果你有特別想問的部分，我還是可以花二十分鐘跟你通電話。」提供限定時間的電話服務是個很棒的方式，可以讓任何想與你接洽的人聯繫上你，也不用花太多時間見面，因爲還要加上你交通往返的時間。

●**身為朋友（當朋友主辦一場活動來邀我出席時）**：「很遺憾地，我沒辦法去，但我很樂意幫你在社群媒體上宣傳這個活動。」

FOCUS
重點回顧

- 在劃出界線之前，重要的是先找出你的優先事項爲何，這樣才能確保你的時間都有花在那些符合這些事項的活動上。
- 要做到上述的定義，我會用四方格模式來進行，且每隔幾個月就會重新檢視我的優先事項，確保我的時間都有被適當分配。
- 當落在優先事項之外的事情出現，請試著清楚但委婉地拒絕。或者如果可以，將這個事項委派出去，你就有時間可以專注在其他優先事項上。
- 答應和拒絕之間有個甜蜜點。當有人對你提出請求，請思考是否有更好、更有效率的方式可以提供你的價值。

CHAPTER

9

加乘你的超能力

你或許可以從本書中的許多故事發現，輔導工作占了我人生的很大一部分。這件事對我之所以如此重要，一部分是因爲我早年工作的時候並沒有任何工作上的心靈導師。我的父母很慈祥，也十分支持我，但他們是沒有任何人脈關係的移民工作者，也不了解商業界如何運作。他們沒辦法給我建議，也無法協助我找到專業上的心靈導師。

接著在大學時，我有同學的父母在投顧銀行或大公司上班。他們似乎在申請實習計畫或甚至在畢業後找工作都比較輕鬆。這就好比他們有一套內建的機制，得以贏在起跑點上，同時我卻發現我得靠自己力爭上游。回顧過往，我才發現如果當時有認識某個在商業界有些人脈的前輩會是多麼大的幫助。

第一個對我的職涯規劃有興趣且擔任這個輔導角色的人，是我在安永會計師事務所的主管路（Lou）。他也是第一個要我在會議中勇敢發言而不是一直說：「這很有意思！」的人。在那間公司，我和同事們會在不同的功能小組之間調動，根據不同客戶的需求提供服務。我當時被分派到路的小組，我們共事得很愉快，他之後便指定我去他那邊爲另一位客戶服務。

路在公司的名聲很不錯，因而常常接到許多人人稱羨的好機會。由於他相當信任我，因此我也跟著接觸到公司數一數二的好客戶。感謝路，讓我親自見證原來被像他這樣的前輩關照著有多麼大的影響。

合適的心靈導師就像是找到一位眞正「懂我」的老師，他看到了我的強項，並幫助我善用這些特質，同時也補足我在知識與經驗方面的不足。整體來說，這樣的師徒情誼在我剛開始工作那幾年給了我莫大的信心並培養職能。這就是心靈導師極關鍵的作用。她或他是一位能夠引導你並提供建議的人，從他身上不只能學到很多，還能夠完全信任對方。每當你遇到棘手或困難的決定，想到有位心靈導師可以詢問並知道自己有個安全網與支持資源，是一種很棒的感覺。

簡單來說，找到一位或多位心靈導師並與之建立關係，對於你在事業上的成功有很關鍵的影響。然而，許多年輕女性跟我說要找到心靈導師十分困難，尤其她們會對於尋求協助或占用他人的時間感到猶豫或不安。我常會很驚訝地發現有這麼多位我所接觸到的女性竟然沒有（或不曾有過）心靈導師。

難怪領英在二〇一一年做的研究顯示，每五位女性只有一位有職場上的心靈導師[38]。若仔細思考這份研究報告，就會發現這是個很大的問題。因爲這表示在其他條件都一樣的情況下，心靈導師可能就是讓你的事業更加蓬勃發展的「X」關鍵因素[39]。

以下是我所訪問的女性對於尋找職場心靈導師的想法：

- 「我一直都想要找位心靈導師，但我所屬的產業是女性相當稀少的利基市場，因此我一直不知道該怎麼找到合適的人。」

- 「有時候我會遇到業界的女性主動說要跟我碰面，但我不確定她們是否眞有此意還是客套話，因此我便不會持續跟進這件事，但接著我會懷疑自己是不是錯過了一個好機會。」
- 「我在公司有位心靈導師，但有時候我會覺得她提供的建議對公司比較有利，而不是對我個人比較好的選擇。我需要找一位在公司外部且較爲客觀的人來當我的心靈導師嗎？」

辨別合適的心靈導師

與心靈導師連上線的方式與你在第七章所讀到的拓展人脈很類似。但在你開始運用人脈搜尋心靈導師之前，先定義出何爲「合適的心靈導師」很重要，這一位（或多位）心靈導師要能夠熟練地帶領你迎向成功。許多我所接觸到的年輕女性會預設她們的主管會輔導她們，然而大部分時候的情況並不是這樣，而且你的主管並不一定是最適合的心靈導師（當然也可能是）。

回想一下在你生命中那些成功地融合了和善與堅強兩者特質的人。你所崇拜且希望成爲的人是誰？當你回想影響你最深的師長與教練，他們通常都不是那些幫你蒙混過關或是很討厭且令人失望的人。他們通常是親切但同時堅定地幫助你成長茁壯的人，這類的人就是最棒的心靈導師。沒錯，並不是所有心靈導師都一樣。爲了確保你們的關係能發揮最大效益，最重要的是要有意識地思考找誰當你的心靈導師。爲了讓這個流程更簡單易懂，我將其分爲三個步驟：

▣第一步：找尋合適的類型

一開始先詢問自己想要找哪種類型的心靈導師。從我的經驗中發現，輔導個案通常會希望心靈導師至少擁有下列三個條件中的一項：

1. 能夠幫助你的職涯更上一層樓。如果這是你所需要的，那麼可從公司高層開始尋找。我在時代公司任職時，常會有年輕女性來找我，因爲她們知道我的職位能夠幫助她們在公司裡更上一層樓。

2. 擁有具影響力的人脈。如果你的目的是拓展人脈以獲得新的機會，或許你需要的是一位人脈相當廣，同時也願意擔任橋梁引薦其他人的心靈導師。

3. 專業度。這可能是某個特定職能（例如領導統御或管理技能，假設你正想要轉換成管理職的角色）、了解某公司或產業內部作業的知識，或對於某種情況的處理相當有經驗等。舉例來說，許多年輕女性會來找我以了解我如何從媒體業轉到投資業。如果她們也正有此盤算的話，那麼我過去的經驗就會讓我擁有她們在這方面可學習的專業能力。

讀到這邊，你可能會發現你需要的心靈導師可能得具備上述一、兩項或甚至是全部才行。你也可能需要三個各別的心靈導師才能夠得到上述所有的條件，或者你可能很幸運地找到一位完全符合三個條件的心靈導師。一般來說，如果可以超過一位心靈導師會很棒，這樣可以提供你更多元的角度，但這樣的關係也的確需要花時間與精神來培養。因此有意識地尋找一些能夠將此效益最大化的心靈導師很重要。

■第二步：從內部或外部尋找

一旦你定義出想找的心靈導師類型，接著可以思考這個人應該從目前任職的公司還是從外部尋得。如果你很喜歡這間公司，而且目標是在內部繼續升遷，那麼最好的方式就是在公司內部尋找具影響力的人。然而如果你想轉換跑道到其他公司或甚至另一個產業，那麼理想的心靈導師可能從外面找起會比較好。

如果你不確定具體目標爲何，但你知道你想在目前的情況中做出改變，那麼可以試著拓展人脈去尋覓完全落在你世界之外的心靈導師，透過其全新的視角可以幫助你思考無可限量的各種可能。舉例來說，與索蘿雅·達拉比（第七章所提到的那一位）的關係讓我有機會窺探並進入科技的世界，這對我後續的轉換跑道而言是個關鍵。

我們常會因爲認爲心靈導師應該是在某個領域的高手而卡住，但這其實是不必要的侷限。理想的心靈導師可能就在眼前，但你卻沒察覺。想一想你曾接觸過的人，如果你才剛開始工作，那麼可能是一位過往的教授、點頭之交，或甚至是你曾幫忙帶小孩的人。這些人當中有沒有人的權力、人脈或專業對你有所助益呢？如果沒有，或許他們會認識符合的人。這又再度回到人脈網絡的拓展，你永遠不知道未來某人會如何幫到你，因此盡可能擴展你的視野與人脈始終是個好主意。

▣第三步：評估對方輔導他人的興趣

並非每個人都是個好的心靈導師，這是因爲不是每個人都想當心靈導師。好的心靈導師應該要享受這個角色並覺得這是她或他天生的責任。一旦你定義出正在尋找的心靈導師類型，以及她或他是在公司內部或外部，接著就要評估對方是否有想要成爲心靈導師的意願。

如果你認爲你的主管會是理想的心靈導師，請注意她或他是否會詢問一些很有深度的問題或是提供協助。如果是的話，那麼你的搜尋過程就可以結束了。但如果她或他專注於將工作做好，也不會主動提供建議或指導，那麼最好還是另覓他人。

如果是這樣，請注意你的同儕和朋友是否有提到他們的主管或心靈導師。或許你有一兩位朋友會誇讚主管有多好，或可能某位同儕的上司是你覺得不錯的心靈導師人選，但你朋友的反饋卻是她雖然很厲害且有人脈，卻不熱衷於輔導他人。

另一個好方法就是詢問你的主管有沒有認識的人可以推薦：「我想學習有關〔主題〕的事物，我想或許〔人名〕能提供我一些洞見和指導，您覺得呢？」如果主管不認爲你所提的那個人能勝任心靈導師，那他接著很可能就會說出心中的合適人選！

與心靈導師搭上線

現在你已清楚你要找的心靈導師類型、要去哪裡尋覓她或他，那接著要如何締造聯結，從茫茫人海或是同樣希望獲得他關注的人當中脫穎而出呢？以下爲一些我覺得很受用的技巧：

■獲取間接介紹

我在第七章有稍微聊到這個概念，但讓我們再複習一遍。透過共同朋友或認識的人親自介紹給心靈導師，比起透過冷冰冰的電子郵件更能讓你增添份量且更加出眾。與同事或朋友閒聊時不妨以不著痕跡的方式帶入：「我最近想做的就是尋覓一位可以幫助我……方面的心靈導師。」或「我在想隨著我轉為管理職，〔人名〕應該會是很理想的心靈導師。你覺得他會願意跟我見面嗎？」希望聽到你這麼說的人當中，會有人願意幫你和合適的心靈導師搭上線。

另一個找到共同朋友的有效方式，就是去領英或其他社群媒體網站，查看你的人脈所聯接到的人有誰。接著主動寫封電子郵件，請他們幫你轉寄給那位潛在的心靈導師。這對他們來說只是舉手之勞，因此他們很有可能會幫你。

在這封自我介紹的電子郵件裡，請確保你有清楚表明像這樣的會面，雙方均會有所獲益，而非只是單方面想依附對方。因此請不要寫得太簡單：「我很想要跟你見面，請你給我意見，從你的經驗中學習。」以下是一位女性最近寫給我的：「我一直有在關注您的事業，同時也是頭號粉絲。我最近正面臨轉換跑道，很佩服您能從媒體業轉入投資界。我很想從您那邊汲取相關經驗，基於我過往數位行銷的經驗，我這邊也能給您一些回饋，關於您旗下投資的X公司該如何增加觀眾數。」有發現這說法多麼強而有力又吸引人嗎？她不但有做功課，了解我的職涯歷程，同時也主動提出要貢獻某個特定領域的專長，以換取我所付出的時間。

▣在雙方聯結中找到私人的切入點……………

如果你找不到人爲你間接介紹，別擔心。還有其他方法可以成功地與潛在的心靈導師聯結上。我最近收到一封電子郵件的開頭是：「我發現我們都曾住過芒特基斯科。那裡很漂亮……」想到我與對方有某個共同點，會讓我想繼續閱讀下去。這需要在事前做點功課，但相信一切會有回報的。

▣製造機會……………………

有一位非常精明的年輕女性最近在公司內舉辦了一場論壇，旨在討論科技業的女性，她與我聯繫問我是否願意參加。我同意了，而當我到場後，她向我自我介紹並說等我找到位子後她想跟我聊一下。我當然很願意與她聊聊，因爲爲了這場活動我們已經往返了好幾封電子郵件。

想當然爾，幾天後她寫信來感謝我參與活動，並詢問是否能再跟我碰面。她似乎創造了這樣一場活動來給自己機會與有影響力的論壇講者和聽眾建立人脈，當然，這場論壇對公司而言也有收穫。我非常佩服這樣的策略，因而決定應邀和她一起喝杯咖啡聊聊！

如果只是爲了喝杯咖啡，這聽起來似乎太過大費周章，因此可以思考其他可利用的機會或活動來與潛在的心靈導師締造聯結。我最近收到另一名想與我見面的年輕女性的信，她用的技巧獨特且相當有效。她並沒有要求見面，她問到：「您接下來是否會參加任何研討會、聚會活動或演講？我們可以在現場碰面。」這對我來說，要與她見上一面變得相當容易，因爲我不用特地找時間安排行程。於是我直接告訴她我計畫要出席的活動，而她也出現了。這讓我十分印象深刻，因此若之後她再約見面我也很可能會答應。

▣讓自己被注意到

當我回想剛出社會的時候，就會想到當時還沒有社群媒體或線上交友，我認爲我能夠找到許多位很有價值的心靈導師，是因爲我努力在工作上有好表現而讓他們注意到我。他們會想要輔導我，是因爲他們看到了我的潛力。當然，其他相關技巧也很重要，你需要抬起頭來讓自己有更高的能見度，但沒什麼能夠取代努力付出爲你爭取到的目光。請複習第二章關於挺身而出並且建立機會讓自己被看見的技巧。

為自己組一個「個人董事會」

前面章節曾提到阿朵拉．烏朵齊勇敢地面對認為她看起來不像稅務律師的面試官，她曾將自己的心靈導師團與所輔導的人稱作她的「個人董事會」。她告訴我，年輕女性會犯的大錯就是以為自己什麼都能懂。你需要培養關係，與一群背景多元的人互動，讓自己的經驗與專業更加圓融精進。

阿朵拉建議可以從已經出現在自己生命中且令人敬重的人來選，而不是去外面尋找「董事會成員」。過去五年你都跟誰在一起並從中學到很多？誰會回覆你的電子郵件並感覺很熱心地想提供協助？阿朵拉的董事會對她而言相當珍貴，我也很喜歡這樣締結心靈導師的獨特方式。

向人請益就像是「死亡之吻」

當你想與心靈導師搭上線時，很重要的是接觸對方的方式（不管是面對面或線上）不能被當成剝削對方或具有逼迫性。記住，對方並沒有欠你什麼。就算他或她本身人很好也很慷慨，但也可能極度忙碌而使得時間與專業能力的付出變得異常珍貴。

這時不要一直想著能從對方身上汲取什麼，而是應該思考如何與對方建立關係。這也是雪洛．桑德伯格在《挺身而進》中所提過的，千萬別衝上去詢問陌生人是否願意當你的心靈導師，讓這樣的關係自然發展是最大關鍵。身爲「人很好的女孩」，你會有很大的優勢，因爲與人建立關係對你來說可能渾然天成。現在正是時候運用這個技能，將成功最大化。

請不要直接要求某人當你的心靈導師，更重要的是，千萬不要直接說想「聽取別人的意見」（pick their brain）。我的朋友泰瑞莎．納美桑尼最近在臉書上的發文眞是到位，同時也讓我會心一笑，她是這麼寫的：

> 專業人際關係拓展術詳見以下：請不要用「聽取別人意見」這句話。千萬不要。這個詞在

網路重度使用者之間似乎很流行，但問題在此：「聽取你的意見」聽起來像是剝削，而且並不符合互惠原則。常聽到這個要求的人往往會很畏縮，因爲這些人的時間十分緊繃且需確保這件事對自己有益。不要以爲請對方喝咖啡就會比較容易。不知爲何，這句話在幾年前退燒後，大概在上個月左右又開始重新流行起來了。

這是個大問題。請改成以下方法：讓雙方均能受惠（意見反饋／腦力激盪），或是將之變得快速且簡單（二十分鐘的電話討論，而非見面談話），而且最後請詢問對方你該如何給予回饋。認同請分享，朋友們，讓我們改變現況吧。

敞開心胸接受不太像師長的心靈導師

有意識地找尋心靈導師是很重要的，但有時候心靈導師會在你最意想不到的時刻現身。當你敞開心胸，就可能會從你未曾想過要接觸的人那裡接收到有意義的建議和支持。

摩根大通集團（JPMorgan Chase）的品牌總監蘇珊．卡納發里（Susan Canavari）跟我分享了一個很棒的故事，關於她如何從意想不到的地方覓得心靈導師。二〇〇二年時她任職於Digitas，正準備要搬到加州去管理其位於舊金山的分公司。她的工作是要在歷經前五年不斷轉手的震盪期後，評估分公司的業績是否能成長，還要激勵目前的團隊。

蘇珊第一天報到的時候，遇見了四十九位抱持著狐疑態度與一位正面的員工，她是舊金山分公司的人事主管貝翠達．蓋恩斯（Betreda Gaines）。貝翠達歷經了前幾任領導者的來來去去，什麼大風大浪都見過了。雖然從結構上來看蘇珊是她的主管，但貝翠達對於他們獨特的辦公室文化有一些珍貴見解。

因此，人事主管反而成了分公司領導人的心靈導師。她向蘇珊吐露爲什麼這些人對她到舊金山分公司抱持懷疑，也教她可以說什麼、做什麼來贏得屬下的信任，讓蘇珊成功接管了辦公室的營運。

除了提供辦公室文化方面的特定建議，貝翠達也盡全力協助蘇珊用最有效率的方式領導團隊。她協助起草一些溝通文宣，確保蘇珊持續散播希望與正面的訊息。蘇珊告訴我，直到現在，她每天仍會想到當年那些建議，也盡可能地秉持貝翠達所教會她的，以忠誠和慷慨待人。貝翠達在二〇一七年三月離世，留下了她的和善與感人的心靈輔導故事。

什麼是心靈導師，而什麼不是？

雖然輔導可能以各種形式進行，也可能發生在意想不到之處，但心靈導師能做或應該做的事情依舊有些限制。我發現有很多年輕女性來找我擔任她們的心靈導師時，並不清楚這樣的關係究竟代表著什麼。以下是一些關於締造健康且有建設性的師徒關係的基本指引：

心靈導師與個案應為非制式的關係，其情誼應自然發展，而不是強硬的制式安排。許多「人很好的女孩」會問我，她們應該多久與心靈導師碰一次面，她們希望可以維繫這段關係而不被視為越線或是很煩。我常會向她們強調這不是制式的關係，舉例來說，以我所提供建議的創辦人們和所輔導的年輕女性相比，我與他們之間的關係就非常不同。

身爲顧問，我們有簽訂正式合約，要依照事前約定的頻率固定見面討論。但跟我所輔導的對象就完全不是那麼一回事，他們會在需要我的意見或尋求支持的時候，寫電子郵件或傳簡訊給我，我則會試著抽出時間，每隔一陣子就跟他們在咖啡廳碰面或一起吃午餐。

除此之外，我眞的很開心見到我輔導的個案不再需要我時，仍舊與我保持聯繫。舉例來說，一位我所輔導的年輕女性最近傳了一篇她覺得我可能會感興趣的文章給我，另一位則是傳來一個她希望我不要錯過的活動連結。這些互動讓我知道她們隨時都有想到我，而且在那些深入的對話之間，我們也依舊認眞地維繫關係。

心靈導師是引導你的良師，而非幫你做決定的人。千萬不要期待心靈導師會告訴你該做什麼。她或他的角色應該是提供智慧、想法、建議、資訊以及全新的觀點。無論如何，最後你還是得爲自己的決定負責。

Levo 創辦人兼執行長凱洛琳・葛（Caroline Ghosn）說得眞好：「如果你的人生是一本書，那麼身爲被輔導的個案，請益心靈導師是爲了要找出書中值得採訪的主題，而編輯會提醒你當初寫這本書的初衷，但這本書的作者依舊是你。」

心靈導師應該保持客觀，個人不應參與你的決策。你有時可能會忍不住去找直屬主管或親近的人以獲取建議，但這樣的建議通常也會涉及對方的優先次序與看法，有時候甚至還添加了他們自身的不安全感或私人恩怨。最合適的心靈導師應該要很客觀，並指出檯面下錯綜複雜的關係、政治角力或其他你可能沒注意到的面向。如同凱洛琳・葛所說：「心靈導師是一位願意提供你建議的人，且這個建議與他的自身利益無關。眞正的心靈導師會把你放在第一位。」

當一位心靈導師確實地公正客觀，她或他會很容易注意到你所能展現的獨特技能，並覺察到能夠讓這些技能發揮出來的機會點。舉例來說，倉石眞理跟我分享了早年看到她潛力的一位心靈導師如何協助她將這樣的特殊技能發揮出來。當年眞理才剛開始工作，她是基於對俄羅斯的知識才獲聘這份要求嚴格的職務。但她對於新雇主世界銀行（World Bank）在做什麼完全沒概念。當時她與主管黃育川（Yukon Huang）關係很好，他是一位聰明且務實的美籍華裔經濟學家。

眞理當時二十五歲，通常是會議室內唯一的女性，且幾乎總是全場最年輕的成員。有一天，育川把她拉到一旁問道：「眞理，妳爲什麼從來不在會議上發言？」她告訴育川，她覺得其他人的看法比她的還要有價值，很多時候她想到的事情通常有人已經說出口了。令眞理驚訝的是，育川說她比會議室裡的任何人都還要了解俄羅斯的情況，即使有人說了她原本想講的話，也應該要讓大家知道。

眞理很震驚。她從來沒想過，她對俄羅斯機構會如何限制客戶行爲的相關知識，對於會議室內其他同事而言很重要，她也沒想過需要向同儕展現自己具有這些知識。直到今日，眞理仍舊感謝當年的主管如此關心團隊中最年輕的成員，並告訴她要勇於發言（之後也資助她在職進修企管碩士，這是世界銀行所提供的優良福利之一），並在過程中協助她成爲今日的社會企業家。由於這位心靈導師的無私與客觀，才讓她看見自己哪部分能夠提供價值，並了解這對她事業發展的助益。

心靈導師應該也要從這段關係中有所收穫，而非只是給予的那一方。眞正的師徒情誼並非單行道，這段關係應該是相當多元的，包括雙方給予彼此建議、資訊與支持等。許多人想到所謂心靈導師與其個案的關係，就會聯想到年長且較有經驗的專業人士，提供建議給年輕許多的女性或男性。但我從這當中學到原來透過教學，我也能從個案身上學到許多、獲得許多。

幾年前，我所投資的一間公司遇到瓶頸，他們接下來會有不少收益，但卻卡在現金暫時短缺的窘境。在沒有任何財務資助下，這間公司顯然撐不過幾個月。它已經有五年的歷史，也已賺進不少錢。身爲投資者，我一直都會留意可以投資的公司，或收購新創公司納入旗下。當這件事發生後，我看到了一個潛在併購的可能性，而因爲我與一間大公司的關係良好，所以扛起了商談併購的角色。

到目前爲止，我與這間新創公司一起歷經了許多風風雨雨，而這間公司的創辦人，同時也是我輔導多年的個案，她也感覺到了我的疲累。她跟我說道：「法蘭，當妳跟這間公司談的時候，妳得要再更有力些。」

她說得完全沒錯，而且親耳聽到她這麼說對我很重要。雖然我是她的心靈導師，但在那一刻，其實是她在輔導我，且相當有效。她的建議讓我跟這間公司的討論變得更有建設性，對我來說，這就是理想的師徒關係——所有意見與智慧的交流都是雙向的，彼此教學相長。

我在 Levo 這個平台上是位「虛擬心靈導師」，我有所謂的「辦公時間」讓年輕女性可以透過這個平台來問我問題。你可能會很驚訝地發現如此微小的聯結可以締造多麼大的效益。當名爲布里特・海森（Britt Hysen）的一位女性在某場研討會上向我介紹她自己時，她說道：「我確定您一定不記得了，但多年前我曾在 Levo 上詢問您有關數位媒體的問題。」

這是個很棒的破冰方式，而且令人驚訝的是，我還記得她問的那個問題！布里特令我留下十分深刻的印象，從那次互動後所延伸出的情誼對我倆來說均獲益良多。我們在那次見面後依然保持聯絡，不久後布里特創辦了《千禧雜誌》（*Millennial Magazine*），而在心靈導師那個系列，我也應邀登上了雜誌的封面。

我的朋友阿朵拉跟我說她成爲心靈導師之後，很驚訝地發現這麼做對她的價值有多大。剛出社會時，有幾位較資深的女性主動邀阿朵拉見面分享她們的智慧，但她卻沒有應邀出席，因爲怕這樣會太超過且不想麻煩別人。她當時的確想討好別人！現在她成爲了年輕女性的心靈導師，才知道當年自己錯過了多少寶貴的經驗。除了能量和啟發，她也從中獲得相當有價值的觀點，了解當今大專院校都在教什麼，同時也更了解共享經濟的思維。

現在阿朵拉了解爲什麼當年那些女性前輩會想要與她聯繫，也很後悔自己沒有跟對方搭上線。她不希望有任何人跟她一樣錯失良機，因此她給大家的建議就是要相信對方所言不假：「當別人慷慨付出時請眞心相信。」她說道：「如果最後發現不是這麼一回事，那就算了，但如果有人主動邀請，請用雙手抓住這個機會並靜觀其變，有時這可能會像魔法一樣令人驚喜！」

心靈輔導思維

輔導不一定都是在正式的環境下進行，不論你身在職涯的哪個階段均可成爲心靈導師。事實上，我曾在與同事相當輕鬆的互動中給予（和接受）建議。馬克・戈林（Mark Golin）是我在Moviefone、美國線上公司和時代公司的同事，他在創意部門任職，而我負責處理商業相關事宜。我們當時的關係對我來說就是一種亦師亦友的同儕情誼，我們尊重彼此的意見，從來不會因爲各自所能提供的專業技能不同而得罪對方。一直以來，我們都在彼此身上學到很多。

我與馬克的情誼教會我，輔導也可以是一件很自然的事，而我也把這樣的思維帶到所領導的團隊中。對我來說，最棒的讚美就是能夠成功打造出效率極佳的團隊，因此我會盡我所能地讓團隊成長、提供他們曝光的機會、分享這些年來在職涯中所學習到的知識。這並不只是因爲我人很好，同時也是很有策略的職涯發展模式。我的團隊就是我個人的反射，一位強大且有自信的領導者，會明白自己可以與周遭的人分享智慧而依舊保有自我價值。

任職於臉書媒體夥伴關係部的梅莉莎．梅提耶斯（Melissa Mattiace）曾跟我說，她樂於將輔導視爲日常互動的一部分，包含親切和善、珍惜當下以及與他人締造聯結，她每天都努力地讓這些成爲生活中的一部分。而梅莉莎最近和前同事凱西（Cathy）的午餐約會將這個信念發揚光大。她們倆人的職涯發展與生活後來走向很不一樣，距離她們最後一次聯繫又過了許多年。

她們吃午餐時，凱西分享她來到了職涯的十字路口，不確定是否該去爭取近期出現的新機會。她們討論了凱西往新方向發展的好處與壞處，同時將之與凱西個人的優先次序做比對。接著，梅莉莎建議凱西可以先爲新公司提供顧問服務，這麼一來她就可以試做這個角色，而不是立刻全心投入。

幾天後，梅莉莎收到了一封簡訊：「我想要謝謝妳鼓勵我爭取這個機會。我同意先試一個爲期兩個月的專案。我們的午餐約會來得眞是時候，我一直都很信任妳的建議，也很感謝妳願意花時間跟我聊。」

雖然她們的關係一直都不錯，但梅莉莎從未把自己當成是凱西的心靈導師。然而，現在她發現當一切串聯在一起時，她小小的和善舉動，其影響力卻遠遠超過她所能想像的。

你是否也能將這樣的時刻納進日常生活中呢？別忘了，輔導是一種氛圍。有些心靈導師可能是傳統認知的職場成功人士，他們可以幫助你爲職涯的下一個階段鋪路，但事實上心靈導師亦可能以各種型態和樣貌出現。有的心靈導師可能會在你需要的關鍵時刻，提供你正中紅心的建議。她或他可能是一位很有助益的朋友，或是在雙方長時間來往、相互支持的情誼中，你所尊敬且崇拜的那個人。不同類型的心靈導師有其不同的益處。

此處很重要的是，梅莉莎的前同事凱西後來與梅莉莎分享了那次午餐約會對她所做的決定的影響，這是與心靈導師持續保持互動並維繫雙方情誼的關鍵。如果你因爲心靈導師的建議或支持而做了一個決定、挺身面對霸凌者或抓住了一個機會，請別忘了讓對方知道你的感激。身爲一位心靈導師，我很樂於聽到回饋，讓我知道自己影響了他人。這不僅讓我感到快樂並激勵我繼續前進，同時也是相當有價值的反饋意見，讓我知道接下來建議的重點應放在哪邊。

擴大輔導規模

不管我有多麼熱愛輔導他人，我依舊沒時間分別和每位與我聯繫、希望我擔任其心靈輔導的人碰面。除此之外，我也發現一對一的互動並不一定能傳授最多知識。因此，我開始尋找創意的方法來擴大輔導的規模，盡可能地影響越多人越好。這些締造價值聯繫的技巧在職涯任何階段均受用，可藉此進入心靈輔導的美麗境界。

如同先前所提到的，我有固定主持一個輔導圈，是個大約有十至十五位女性的團體。我們會在咖啡廳或餐廳，或我所承租的共同工作空間見面。這是個非正式的聚會。聚會時間大概一小時左右，我們會先認識彼此，然後我會回答大家提出的問題，但我也發現，其實讓大家從彼此身上相互學習並建立同儕之間的聯繫更爲有益。

有了這層認知後，我會刻意在聚會中多撥點時間讓她們彼此互動。與其回答問題，我會反過來請大家輪流分享她們目前正在努力處理的事情或正面臨到的掙扎，我也讓其他女性在我提供建議之前，有機會可以就自己的想法回應這些掙扎。

我也試圖讓這樣的團體組成更爲多元。凱洛琳．葛針對不同族群固定舉辦晚餐餐會，讓大家有機會成爲彼此的心靈導師。我的朋友，《十七》（*Seventeen*）雜誌前總編輯安．書克特（Ann Shoket）在她所著的《偉大人生》（*The Big Life*）一書中描述她如何主持「狠角色寶貝晚餐派對」，她聚集千禧世代的女性，問她們：「如果我可以爲妳解決任何問題，妳希望會是什麼？」只要你運用第七章所提的關於拓展人脈網絡的建議，努力走入人群，就會驚訝地發現像這樣的活動其實很多。

但你其實不需要透過別人來主持這樣的輔導圈。何不找一些有趣且熱心的同儕，在當地咖啡廳、公司會議室或共同工作空間一起規劃一場拓展人脈／同儕輔導的活動呢？你可以輕鬆地讓大家輪流介紹彼此，然後給每個人幾分鐘分享最近在職場上所遇到的掙扎、目標或擔憂，任何人如果有所建議都可以給予回饋。另一個方式是在活動中讓每個人輪流說出一個他們所能提供的資源（願意協助團體中他人的事情）和一個請求（需要團體中他人協助的事項）。

如果要主持像這樣的會議不方便或無法召集大家，可以試著使用 Skype 與志同道合的人開視訊會議，或利用其他線上平台，如 Mogul 的「詢問我任何事情」功能，或甚至是透過谷歌通訊軟體（Google Hangouts）或臉書直播軟體（Facebook Live）來進行。

我誠摯地希望你從心靈導師那邊所習得的一切，以及在本書學到的所有技能，可以成爲你能應用並傳播的智慧、建議與支持，並將親切和善的力量傳遞出去，以造福更多未來的女性。只要成爲堅強且和善、有企圖心且討人喜歡、富同理心且具決斷力、自信且充滿彈性的女性，你就有機會改變大家所遭遇的雙重標準，並永久扭轉大眾對職場女性的觀感。當所有在你身後的女性也跟著你的腳步，你的親切和善就會在無形之中加乘好幾倍。

致謝

我無法用言詞來表達我對家人、朋友、同事、心靈導師與生命中許多陪伴我走這一遭的人所抱持的感激之情。你們慷慨給予的智慧、動見、時間、精力、資源和許許多多的付出，我都銘記心中。在此我也對所有人致上滿滿的愛與誠心的感謝。

感謝我人際網絡超過四百名的女性爲我提供各式反饋意見，從本書的書名到所談論的議題以及書中的故事等。妳們知道我在說妳……妳們在電話中、電子郵件往來或團體討論和親自見面時所花的時間，我會永遠感謝並放在心上。

我也要誠摯感謝我的同路人以及其他作者，引導我走上這條路並幫助我了解寫書所要注意的每個細節與訣竅。你們的建議與友誼對我來說相當重要，我很高興自己有前人的庇蔭。我特別想要感謝 Tiffany Dufu 告訴我「人很好就是妳的資產」，這在關鍵的時刻給了我繼續寫下去的動力。

除此之外，我也很幸運地因爲寫書而有機會訪問到一群明星般閃耀的傑出女性，她們撥出寶貴時間與我分享了生命中許多重要時刻的故事。她們的付出，讓這本書得以因爲其所展現的誠實、脆弱和眞實而更加聚焦。我要感謝 Adaora Udoji、Anna Maria Chavez、Caroline Ghosn、Chrissy Carter、Dawn Casale、Emily Dalton、Janet Comenos、Jennifer Fleiss、Josephine D' Ippolito、Kat Cole、Mari Kuraishi、Melissa Mattiace、Mimi Feliciano、Mindy Grossman、Pat Hedley、Soraya Darabi、Stephanie Kaplan Lewis 和 Susan Canavari。

許多人也貢獻了相當珍貴的洞見，豐富了本書的內容，我想對 Allison McGuire、Anjali Kumar、Blake Lively、Dayle Haddon、Denise Restauri、Elizabeth Kim、Ellen Miller、Emily Listfield、Grace Prudente、Grace Fedele、Jacqueline Hernandez、Jane Hanson、Jessie Goldberg、Susan McPherson、Vanessa Schenck 和 Whitney Frick 致上最眞摯的謝意。

我個人的心靈導師對我來說意義非凡。一路走來，他們的指引始終伴隨著我，讓我逢凶化吉、化險爲夷。他們也很慷慨地與我分享他們的智慧和洞見。我滿懷謙虛和感恩地向 Adam Slutsky、Ann Moore、David Geithner、Lamar Chesney、Mark Golin、Martha Nelson 和 Paul Caine 致上謝意。

我很幸運地擁有最佳行銷團隊 Amanda Schumacher 和 Kathleen Harris。妳們的創意、精神與聰明才智，讓我得以用眞摯且有影響力的方式將心中的話跟全世界分享。謝謝你們接下這個任務，搭建橋樑把訊息傳遞出去。我要感謝 Alexis Cambareri 和 Jennifer Mullowney 幫助我在世人面前呈現最完美的一面（如字面上的意思）。還有 Annie Werner、Briana Link、Chris Winfield、Farnoosh Torabi、Melissa Goidel 和 Selena Soo 的寶貴意見，爲本書提供最佳上市方案。

非常感謝 Michelle Rawicz（總是那麼從容不迫地）幫我處理一堆雜事，確保我能如期交稿並妥善打點一切。

許多位我心嚮往的人一路走來以各種方式提供我勇氣、靈感和引導。Liz White 讀了我最初的草稿，提供了許多貼心的想法。Jennie Baird 本身就是位天賦異稟且總能打動人心的作家，爲我初始的企劃案提出許多建議。寫作的過程中她也持續提供許多無與倫比的支持，包括協助我找到合作寫手 Jodi Lipper。MJ Ryan 是我的教練與心靈導師，在我剛開始架構本書時扮演相當關鍵的角色。我誠心地感謝你們每一位。

致世界上最親愛的好友 Patricia Karpas。Patricia 自二〇〇九年以來便是我最親密也最信任的意見提供者！如果沒有她狠狠地激勵我（我是說正面的鼓勵），這本書恐怕無法生出來。她爲每個階段增添價值，也在許多時候幫助我不再「卡關」。Patricia，我對妳懷抱著滿滿的愛與景仰！

這本書如果不是因爲我了不起的經紀人、無可比擬的 Yfat Reiss Gendell 就不可能出版。自我們相遇的那天起，她就是我所依靠的棟梁，也是她說服我寫這本書就是我的使命。可以與 Yfat 和 Foundry 整個團隊共事是我的榮幸，特別是 Jessica Felleman。

感謝 Houghton Mifflin Harcourt 相當有才華且十分支持我的團隊，包括 Ellen Archer、Bruce Nichols、Adriana Rizzo、Maire Gorman、Debbie Engel、Lori Glazer、Hannah Harlow、Martha Kennedy、Christopher Moisan、Beth Burleigh Fuller、Katja Jylkka、Stephanie Buschardt、Rachel Newborn 與 Katie Coaster。

我也特別要感謝我的編輯 Rick Wolff 與編輯助理 Rosemary McGuinness。他們不但富才華、創意且相當直觀。他們相信我們所一起創造的各種可能，也是我的最佳啦啦隊，逼我（當然是用和善的方式）找到最棒的方式來說這個故事。

我很開心能夠與我的合作寫手 Jodi Lipper 共事。Jodi，「謝謝妳」這三個字根本不足以比得上妳對本書所付出的貢獻。妳將我的想法和經驗轉化爲文字的功力是關鍵。謝謝妳對本書的承諾與熱情，謝謝妳令人感到不可思議的能力，完全能夠掌握該用什麼樣的言語來說這個故事，也謝謝妳的耐心與和善，以及妳我之間的友誼。

我每天的開始與結束都來自我親愛的兩個兒子，Anthony 和 Will。他們讓我微笑，也讓我的生命有了更深層的意義，是我過去從未曾想像過的，我愛你們。

我親愛的丈夫Frank的存在讓我懂得什麼是真正的伴侶關係。他是一位慈愛的父親和丈夫，我真的無法用言語形容我們所共同分享的人生。他對本書的支持對我來說很重要。謝謝你，「加上K的法蘭」，我愛你。

致我生命中的另一位男人，我的父親Antonio，自我兩歲時帶著全家到這個國家。他在不會說英語的情況下建立了自己的事業，以身教引領我了解什麼是親切和善。他與我的母親Carmela一同打造了很棒的一個家，包括最棒的手足Josephine、Rocco和Nat……一切盡在不言中。

我的生命中有幾個人傳遞了愛的真諦。我的母親就是其中一位。妳是我最初的老師。謝謝妳教會我如何用優雅的方式引導眾人，並讓我知道，自內心散發出的良善特質是人們所能給予這個世界最棒的禮物。

參考資料

1. Jonha Revesencio, "Why Happy Employees are 12% More Productive," *Fast Company,* July 22, 2015. https://www.fastcompany.com/3048751/happy-employees-are-12-more-productive-atwork.

2. 同上。

3. Rob Cross, Reb Rebele, and Adam Grant, "Collaborative Overload," *Harvard Business Review,* January–February 2016. https://hbr.org/2016/01/collaborative-overload.

4. Amy J.C. Cuddy, Peter Glick, and Anna Beninger, "The dynamics of warmth and competence judgments, and their outcomes in organizations," *Research in Organizational Behavior,* Vol. 31, (2011): 73–98. http://www.hbs.edu/faculty/Pages/item.aspx?num=41451.

5. 同上。

6. Frank Flynn, remarks to attendees at the Women in Management (WIM) Banquet, January 1, 2007. Published in Joanne Martin, "Gender-Related Material in the New Core Curriculum," Stanford Graduate School of Business (website). https://www.gsb.stanford.

American, October 1, 2014. https://www.scientificamerican.com/article/how-diversity-makes-us-smarter/.

13. JoAnn Deak, Ph.D, qtd. in Jessica Ciencin Henriquez, "The Strange Phenomenon That's Preventing Girls From Reaching Their Dreams," *Teen Vogue,* January 8, 2016. http://www.teenvogue.com/story/girls-stop-camouflaging-build-self-esteemconfidence.

14. Karina Schumann and Michael Ross, "Why Women Apologize More Than Men: Gender Differences in Thresholds for Perceiving Offensive Behavior," *Psychological Science,* vol. 21, issue 11 (September 2010): 1649–1655. http://journals.sagepub.com/doi/abs/10.1177/0956797610384150.

15. Albert Mehrabian, *Silent Messages: Implicit Communication of Emotions and Attitudes* (Belmont, CA: Wadsworth), 1981.

16. Marguerite Rigoglioso, "Researchers: How Women Can Succeed in the Workplace," Insights by Stanford Business (web site), March 1, 2011. https://www.gsb.stanford.edu/insights/researchershow-women-can-succeed-workplace.

17. Susan Chira, "The Universal Phenomenon of Men Interrupting Women," *New York Times,* June 14, 2017. https://www.nytimes.com/2017/06/14/business/women-sexism-work-huffington-kamala-harris.html?_r=0.

18. Birkan Tunc et al., "Establishing a link between sex-related differences in the structural connectome and behavior," *Philosophical Transactions of the Royal Society B: Biological Sciences,* volume 371, issue 1688 (February 19, 2016): web.

edu/stanford-gsb-experience/news-history/genderrelated-material-new-core-curriculum.

7. For example, Diane Reay, " 'Spice Girls', 'Nice Girls', 'Girlies', and 'Tomboys': Gender discourses, girls' cultures and femininities in the primary classroom," *Gender and Education,* vol. 13, no. (June 2001):153–167.

8. Ron Kaniel, Cade Massey, and David T. Robinson, "The Importance of Being an Optimist: Evidence from Labor Markets," working paper issued by National Bureau of Economic Research (website), September 2010. http://www.nber.org/papers/w16328.

9. Heidi Moore, "Little surprise here: women expected to do more at home – and at work," *The Guardian,* November 1, 2013. https://www.theguardian.com/commentisfree/2013/nov/01/womenwork-harder-favors-never-counted.

10. Tiziana Casciaro and Miguel Sousa Lobo, "Competent Jerks, Lovable Fools, and the Formation of Social Networks," *Harvard Business Review,* June 2005. https://hbr.org/2005/06/competent-jerks-lovable-fools-and-the-formation-of-social-networks.

11. J. P. Allen, M. M. Schad, B. Oudekerk, and J. Chango, "Whatever happened to the 'cool' kids? Long-term sequelae of early adolescent pseudo-mature behavior," *Child Development,* vol. 85, no. 5 (Sept-Oct, 2014): 1866–80. http://people.virginia.edu/~psykliff/Teenresearch/Publications_files/Allen%20Final%20Pseudomaturity%20Paper%20CD.2014.pdf.

12. Katherine W. Phillips, "How Diversity Makes Us Smarter," *Scientific*

(website), November 26, 2016. https://womensbrainhealth.org/better-thinking/her-stressvs-his-stress-women-react-differently-than-men-to-pressure.

25. Raina Brands and Isabel Fernandez-Mateo, "Women Are Less Likely to Apply for Executive Roles if They've Been Rejected Before," *Harvard Business Review,* February 7, 2017. https://hbr.org/2017/02/women-are-less-likely-to-apply-for-executive-roles-if-theyvebeen-rejected-before.

26. Art & Fear: David Bayles and Ted Orland, *Art & Fear: Observations on the Perils (And Rewards) of Artmaking* (Santa Cruz, CA: The Image Continuum Press, 1993), p. 29.

27. All data about women's earnings and the gender pay gap is from the American Association of University Women (AAUW), *The Simple Truth about the Gender Pay Gap* (report), published Spring 2017. http://www.aauw.org/research/the-simple-truth-about-the-gender-pay-gap/.

28. Corinne A. Moss-Racusin, John F. Dovidio, Victoria L. Brescoli, Mark J. Graham and Jo Handelsman, "Science faculty's subtle gender biases favor male students," *Proceedings of the National Academy of Sciences,* Volume 109, No. 41 (October 9, 2012): 16474–16479. http://www.pnas.org/content/109/41/16474.abstract#aff-1.

29. Marek N. Posard, "Status processes in human-computer interactions: Does gender matter?," *Computers in Human Behavior,* Volume 37 (May 2014): 189–195. Research brief prepared by Celeste Jalbert: http://www.rotman.utoronto.ca/FacultyAndResearch/ResearchCentres/GenderEconomy/Research/

Summarized in Penn Medicine News Release, February 9, 2016: https://www.pennmedicine.org/news/news-releases/2016/february/pennmedicine-quotbrain-road-m.

19. Further explanation of David Rock's SCARF model can be found here: http://web.archive.org/web/20100705024057/http://www.your-brain-at-work.com:80/files/NLJ_SCARFUS.pdf.

20. J. M. Kilner and R. N. Lemon, "What We Currently Know About Mirror Neurons," *Current Biology,* Vol. 23, No. 23 (December 2, 2013): R1057-R1062. https://www.ncbi.nlm.nih.gov/pmc/articles/PMC3898692/.

21. Jack Zenger and Joseph Folkman, "The Ideal Praise-to-Criticism Ratio," *Harvard Business Review,* March 15, 2015. https://hbr.org/2013/03/the-ideal-praise-to-criticism.

22. 同上。

23. Shelley E. Taylor et al., "Biobehavioral Responses to Stress in Females: Tend-and-Befriend, Not Fight-or-Flight," *Psychological Review,* Volume 107, No.3 (2000): 411–429). https://scholar.harvard.edu/marianabockarova/files/tend-and-befriend.pdf.

24. For example, Mara Mather, Nichole R. Lighthall, Lin Nga and Marissa A. Gorlick, "Sex differences in how stress affects brain activity during face viewing," *NeuroReport,* Volume 21, Issue 14 (October 6, 2010): 933–937. http://journals.lww.com/neuroreport/pages/default.aspx. Further reading about stress response in men and women can be found in: "Her Stress vs. His Stress — Women React Differently than Men to Pressure," Women's Brain Health Initiative

org/pubs/journals/releases/bul-a0038184.pdf. Summarized in APA Press Release, "Women Outperform men in Some Financial Negotiations, Research Finds," December 1, 2014: http://www.apa.org/news/press/releases/2014/12/financial-negotiations.aspx.

35. Athena Vongalis-Macrow, "TwoWays Women Can Network More Effectively, Based on Research," *Harvard Business Review,* November 26, 2012. https://hbr.org/2012/11/two-wayswomen-can-network-more.

36. Matthew Rothenberg, "It's Not Your Gender, It's Your Network," *The Ladders,* 2009. https://cdn.theladders.net/static/images/editorial/weekly/pdfs/your_network090930.pdf.

37. Herminia Ibarra, Nancy M. Carter, and Christine Silva, "Why Men Still Get More Promotions Than Women," *Harvard Business Review,* September 2010. https://hbr.org/2010/09/whymen-still-get-more-promotions-than-women.

38. Emily Jasper, "LinkedIn Report: Women without a Mentor," *Forbes,* October 25, 2011. https://www.forbes.com/sites/work-in-progress/2011/10/25/linkedin-report-women-without-amentor/#5c06a9e34ba7.

39. Lillian T. Eby, Tammy D. Allen, Sarah C. Evans, Thomas Ng, and David DuBois, "Does Mentoring Matter? A Multidisciplinary Meta-Analysis Comparing Mentored and Non-Mentored Individuals," *Journal of Vocational Behavior,* Volume 72, No. 2 (2008): 254–267. https://www.ncbi.nlm.nih.gov/pmc/articles/PMC2352144/.

ResearchBriefs/RB08.

30. D. A. Small, M. Gelfand, L. Babcock, and H. Gettman, "Who goes to the bargaining table? The influence of gender and framing on the initiation of negotiation," *Journal of Personality and Social Psychology,* Volume 93, No. 4 (2007): 600–613. http://psycnet.apa.org/journals/psp/93/4/600/.

31. Maura A. Belliveau, "Engendering Inequity? How Social Accounts Create vs. Merely Explain Unfavorable Pay Outcomes for Women," *Organization Science,* Volume 23, Issue 4 (July–August 2012): 1154–1174. http://pubsonline.informs.org/doi/pdf/10.1287/orsc.1110.0691.

32. Hannah Riley Bowles, Linda Babcock, and Lei Lai, "Social incentives for gender differences in the propensity to initiate negotiations: Sometimes it does hurt to ask," *Organizational Behavior and Human Decision Processes* vol. 103 (2007): 84–103. https://www.cfa.harvard.edu/cfawis/bowles.pdf.

33. Hannah Riley Bowles and Linda Babcock, "How Can Women Escape the Compensation Negotiation Dilemma? Relational Accounts Are One Answer," *Psychology of Women Quarterly,* Vol. 37, Issue 1(2013): 80–96. http://journals.sagepub.com/doi/abs/10.1177/0361684312455524.

34. Philipp Alexander Freund, Joachim Huffmeier, Jens Mazei, Alice F. Stuhlmacher, Lena Bilke and Guido Hertel, "A Meta-Analysis on Gender Differences in Negotiation Outcomes and Their Moderators," *American Psychological Association Psychological Bulletin,* Volume 141, No. 1 (2014): 85–104. http://www.apa.

VBV1009 Win

柔韌：善良非軟弱，堅強非霸道，成為職場中溫柔且堅定的存在

作　者—法蘭．豪瑟 Fran Hauser
譯　者—吳孟穎
主　編—林菁菁、林潔欣
編　輯—黃凱怡
企劃主任—葉蘭芳
封面設計—江孟達
內頁設計—李宜芝

董事長—趙政岷
出版者—時報文化出版企業股份有限公司
108019 台北市和平西路三段二四〇號七樓
發行專線—（〇二）二三〇六六八四二
讀者服務專線—〇八〇〇二三一七〇五
（〇二）二三〇四七一〇三
讀者服務傳眞—（〇二）二三〇四六八五八
郵撥—一九三四四七二四時報文化出版公司
信箱—10899 臺北華江橋郵局第 99 信箱
時報悅讀網—http://www.readingtimes.com.tw
法律顧問—理律法律事務所　陳長文律師、李念祖律師
印　刷—勁達印刷有限公司
初版一刷—二〇一九年十一月二十九日
初版二刷—二〇二三年四月十一日
定　價—新臺幣三百六十元
（缺頁或破損的書，請寄回更換）

時報文化出版公司成立於一九七五年，
並於一九九九年股票上櫃公開發行，於二〇〇八年脫離中時集團非屬旺中，
以「尊重智慧與創意的文化事業」爲信念。

柔韌：善良非軟弱，堅強非霸道，成爲職場中溫柔且堅定的存在 / 法蘭 . 豪瑟作 . -- 初版 . -- 臺北市 : 時報文化 , 2019.11
面；　公分

譯自 : The myth of the nice girl : achieving a career you love without becoming a person you hate

ISBN 978-957-13-7992-0(平裝)

1. 職場成功法　2. 女性

494.35　　108016913

ISBN 978-957-13-7992-0
Printed in Taiwan